风电运行数据评估技术

李嫒　赵丽军　邢作霞　等　著

中国水利水电出版社
www.waterpub.com.cn
·北京·

内 容 提 要

　　本书立足于风电机组运行评估和故障诊断，主要内容包括概述、风电机组概述、基于功率曲线的风电机组运行评估、偏航系统状态评估与异常感知、变桨距系统故障变量识别与诊断、风轮不平衡运行性能分析。

　　本书可作为从事风力发电工作的各类技术人员的学习、培训教材，也可作为高等院校师生和相关工程技术人员的参考用书。

图书在版编目（ＣＩＰ）数据

风电运行数据评估技术 / 李媛等著. -- 北京 ： 中
国水利水电出版社，2020.9
　ISBN 978-7-5170-8888-2

　Ⅰ．①风… Ⅱ．①李… Ⅲ．①风力发电机－发电机组
－运行－数据－评估 Ⅳ．①TM315

中国版本图书馆CIP数据核字(2020)第180397号

书　　名	**风电运行数据评估技术** FENGDIAN YUNXING SHUJU PINGGU JISHU
作　　者	李媛　赵丽军　邢作霞　等著
出版发行	中国水利水电出版社 （北京市海淀区玉渊潭南路1号D座　100038） 网址：www.waterpub.com.cn E-mail：sales@waterpub.com.cn 电话：（010）68367658（营销中心）
经　　售	北京科水图书销售中心（零售） 电话：（010）88383994、63202643、68545874 全国各地新华书店和相关出版物销售网点
排　　版	中国水利水电出版社微机排版中心
印　　刷	清淞永业（天津）印刷有限公司
规　　格	184mm×260mm　16开本　11印张　228千字
版　　次	2020年9月第1版　2020年9月第1次印刷
印　　数	0001—2500册
定　　价	**58.00元**

前 言
FOREWORD

随着风电机组大型化和海上风电场的发展，实施智能运维、故障预警、优化机组全寿命周期运行管理已成为发展趋势。国内外学者逐渐将研究热点集中于风电机组运行评估与故障诊断等，以适应风电机组运行高度智能化的未来发展需求。现代化的智能管理与数据信息平台已积累大量风电机组运行数据，单机运行在线状态检测系统和风电场运行数据监控平台都为实施运行评估和故障诊断提供了基础条件。风电机组运行评估和故障诊断的研究可方便实施预测性维护，节约运维成本，有效提升发电量，具有前瞻性和潜在科学价值。

本书立足于风电机组运行评估和故障诊断，以提高风电机组的可靠性、确保风电机组安全稳定运行、降低风电场运行维护成本、提高风电场的现场管理水平为目的，为风电机组的降载优化运行、提升发电量、自适应调节、容错控制、预测性运维等奠定理论基础，为新能源开发者、电网运行者、从事风电技术研究的广大科技工作者提供理论依据和工程建设帮助。

本书内容主要分为 6 章，从风电机组运行特性、工作原理、功率曲线评估、偏航系统运行评估、变桨距系统故障以及风轮不平衡等方面进行撰写，大致介绍如下：

第 1 章 概述。本章介绍了风电机组运行评估和故障诊断技术的研究现状、现有的运行评估和故障诊断方法及其未来发展趋势。

第 2 章 风电机组概述。本章介绍了风电机组的分类、基本组成、空气动力学原理；以及风电机组 SCADA 系统，包括 SCADA 系统的功能、监控变量以及监控性能；分析了风电机组的运行特性与工作原理。

第 3 章 基于功率曲线的风电机组运行评估。本章阐述了风速、空气密度、地理条件、叶片污垢和冰载对功率曲线的影响。通过功率曲线的采集与处理，介绍功率曲线的建模过程；通过状态监测与评估，进行转矩增益性能优化评估，判断风电机组控制性能的好坏。

第 4 章 偏航系统状态评估与异常感知。本章介绍了偏航误差的产生原因，及其对风电机组气动特性和运行特性的影响。阐述了偏航系统的异常感知方法，给出了偏航系统运行状态评估和异常检测的案例。

第5章 变桨距系统故障变量识别与诊断。本章以风电机组变桨距系统故障诊断最优特征变量集为基础，进行了变桨距系统故障检测与辨识，实现了变桨距系统的故障诊断。应用风电机组 SCADA 系统记录的机组运行数据和故障信息开展了仿真研究，验证了风电机组变桨距系统故障诊断方法的有效性。

第6章 风轮不平衡运行性能分析。本章阐述了风轮不平衡特性，针对风轮不平衡状态下风电机组的气动模型，建立风电机组仿真模型，并仿真分析了质量不平衡和气动不平衡对风电机组运行性能的影响。

本书在编写过程中，得到沈阳兰昊新能源科技有限公司、国家电投新能源有限公司等的大力支持，向他们表示感谢。书中参考了众多文献，向其作者一并表示感谢。

限于作者能力和经验有限，书中难免有不足和待改进之处，恳请读者批评指正。

作者

2020.5

目 录
CONTENTS

第 1 章

概　　述

1.1　风电运行评估的意义

全球能源日益紧缺，风力发电作为一种清洁能源在国内外得到了快速的发展。目前，国内在建、已投入运行的风电场近 30 个，国家制定的 2020 年风力发电装机容量规划目标是 2000 万～3000 万 kW。我国近期大量装备的以兆瓦级风电机组为主，目前广泛运行的风电机组单机容量多为 1.5～3MW。海上风电的发展方向是单机容量 3～10MW 的风电机组，以满足我国海上风力发电的需要。但是对兆瓦级风电机组的故障分析和诊断目前才刚刚起步。随着我国风电事业的发展，对兆瓦级风电机组的故障分析和诊断将会有很大的市场需求。

随着风电机组大型化和海上风电的发展，实施智能运维、故障预警、优化机组全寿命周期运行管理已成为发展趋势。国内外学者逐渐将研究热点集中于风电机组运行评估与故障诊断等，以适应风电机组运行高度智能化的未来发展需求。现代化的智能管理与数据信息平台已积累大量风电机组运行数据，单机运行在线状态检测系统和风电场运行数据监控平台都为实施故障诊断和运行评估提供了基础条件。风电机组运行评估和故障诊断，可方便实施预测性维护，节约运维成本，有效提升发电量。

风力发电系统在实际安装和运行中已出现了大量的故障，影响了风电机组的运行。据统计，国内某电力公司的 300 多台风电机组，由于各种故障实际能够运行的只有 1/3，并且国外很多风电公司在风电场的风电机组安装运行初期，也出现了大量的故障，严重影响了设备的运行效率。如何对设备的运行状态进行评估并及时发现故障，保证设备安全、高效、可靠地运转，成为亟须解决的重要问题。故障诊断和风电运行健康评估技术为提高设备运行的安全性和可靠性提供了一条有效的途径。该研究方向符合国家关于加强清洁能源研究开发的中长期规划，也是风电领域影响电网安全运行的关键技术之一。

风力发电行业的快速增长导致了风电机组的运行维护费用持续增长。对于陆地型风电机组，运行维护成本占每千瓦时电价格的 10％～15％；对于海上风电机组，其比例接近 25％～30％。如丹麦 Horns Rev 海上风电场完工于 2002 年，试运行不到两年，80 台风电机组的机舱不得不运到岸上做大修。统计表明，在其不到两年的运行期中，总计出勤维护约 75000 次，即每台风电机组每天维护 2 次。降低风电机组的运行维护成本有两种途径：①提高风电机组的质量；②采用有效的在线状态监控系统和合理的故障诊断方法。影响风电机组质量的因素包括设计、制造、安装等多个方面，需要不断地反馈和改进。而风电机组的正常使用寿命为 20 年。因此，只有通过在风电机组漫长的运行使用期内实时监测运行状态，及时分析运行状态参数，准确判断故障隐患，合理安排维修方案，才能保证风电机组长期稳定、可靠运行。

目前全世界风电机组中双馈风电机组占 85％以上。根据国内外不同研究机构的统计数据表明，双馈风电机组故障主要集中在齿轮箱、叶片、发电机、电气系统、偏航系统、传动链、控制系统等关键部件。这些关键部件占整个风电机组总成本的 80％～90％。它们发生故障以后，造成风电机组停机维修时间为 1～8 天。对于电气系统、控制系统、偏航系统等部分，其故障多为电气或软件方面的故障，可以通过远程控制、现场人工维修、更换零件等方式迅速处理，不会造成长时间的停机。而叶片由于裸露在空中，其故障难以监测、诊断和预测，一旦产生故障，往往只有通过重新吊装更换叶片来排除。双馈风电机组中的主轴、主轴轴承、齿轮箱、高速轴和发电机组成了传动链系统。它们通过旋转运动，把风轮吸收的风能进行传递并转化为电能。由于风速的不断变化，上述旋转部件不断受到变化的冲击载荷作用，容易导致风电机组停机，产生高额的维修费用，造成巨大的经济损失。

风电机组的外部工作环境恶劣多变，风作为风电机组的动力源，风速和风向的变化具有很强的不确定性，造成风电机组常在不同的动静载荷之间频繁切换。除风况外，其他气候条件如雨雪冰雹等极端恶劣天气都会严重影响风电机组的安全性和可靠性。风电场运行和维护费用居高不下从而削弱风电场经济效益已成为风电行业发展的瓶颈。利用风电运行数据开展风电机组状态评估，预知风电机组劣化趋势，提高风电机组的可靠性被越来越多的学者关注和研究。

借鉴其他行业机电设备故障诊断的经验，风电行业研究工作者普遍认为风电机组的运行状态是可监测的、故障是可诊断的、隐患是可预测的，尤其对当前主流的双馈风电机组旋转部件的故障分析和诊断，在风电机组的运行和维护中显得尤为重要，是维持风电机组 20 年稳定可靠运行的技术保证和有效手段。

1.2　风电运行评估发展综述

　　风电机组作为多自由度、多体动力学复杂非线性系统，运行状态通常在不同工况之间协调切换，各轴系运动机构成为故障的主要来源。其中机械类（如风轮不平衡、主轴传动链系统振动、偏航运动机构等）故障，涉及风轮、偏航系统、齿轮箱、发电机、主轴传动链系统等，一旦发生会造成长时间停机检修，或长期亚健康运行，严重影响发电效率，需要提前预警，方便实施预测性维护。因此需要首先对风电机组的整机运行状态进行合理的评估，以发现其健康与否，是否存在重大运行隐患，可以把此环节简称为"健康态评估"，比喻为风电机组的"体检"过程。

　　准确评估风力发电潜力不仅需要详细了解当地的风力资源，还需要对当地风电场具有良好效果的等效功率曲线。风电机组的实际功率曲线作为衡量风电机组经济技术水平的尺度标准，不仅能够反映风电机组的性能是否符合设计要求，而且也是考核风电机组性能优劣、检测风电机组运行状况是否正常和评估风电机组发电能力的一项重要性能指标。在实际发电中，由于风向、能量损失、局部地形、涡轮布置等复杂原因，风速与功率输出之间的输入输出关系往往与风电机组给定的功率曲线不一致。这使得准确评估电力潜力和提供未来电力输出的精确估计变得困难。因此，对风电机组的运行状态进行评估，提高风电机组的可靠性，确保风电机组安全稳定运行，降低风电场运行维护成本，提高风电场的现场管理水平，已成为我国发展风电技术需迫切解决的关键问题。

　　风电场配备了数据采集与监视控制（Supervisory Control and Data Acquisition，SCADA）系统，从风电机组的关键部件收集数据，以了解风电机组的运行情况，并在必要时实施远程控制。监测内容主要包括转速、温度、风速风向、振动加速度、机舱位置、主轴制动系统、齿轮箱系统、发电机系统、偏航系统、变桨快慢及位置等模块。完整、可靠的风电机组在线监测信息为风电机组的性能分析和健康状态的评估提供了数据支撑和可行性。近年来，风电场 SCADA 数据的附加价值在风电机组状态监测领域得到了进一步的探索。可以利用 SCADA 系统来评估风电机组关键部件或子系统的运行状况，如功率曲线、偏航系统、变桨系统、齿轮箱和轴承等。针对风电机组重要部件运行状态的监测研究较多并趋于成熟，但是利用 SCADA 系统对风电机组运行状态和健康程度评估的研究还处于起步阶段。

　　风电机组健康状态评估过程的方法和渠道有：①通过机组运行效率关键参数和指标进行评估，如风电机组可利用率、数据异常程度等；②通过风电机组运行特征曲线进行健康状态评估等。

在风电机组运行评估方面，基于灰色理论和变权模糊综合评判的风电机组性能评估方法，建立基于灰色理论和模糊综合评判的改进评估模型。基于幂律过程及相关分布来建立风电机组的可靠性评估模型，进而对各计算环节进行模块化，提高评估效率。利用相关性分析对风电机组出力情况进行分析，由风电机组历史监测数据得出风电机组出力相关性的统计规律，对风电机组进行健康状态评估。为了准确评估风电机组实时运行状态，采用层次分析法和均衡函数得到了各评估指标的综合权重，结合可拓集合中的关联函数，提出了基于物元分析理论的风电机组运行状态评估方法。为满足大数据环境下风电机组状态评估的实时性要求，江顺辉等引入正态云模型取代传统隶属函数，并将正态云模型与模糊综合评价法相结合，提出了一种基于动态劣化度的实时状态评估方法。梁颖等建立了基于支持向量回归算法的回归预测模型，提出了一种基于回归预测模型和 SCADA 系统相配合的鲁棒性更强的在线评估方案。王红君等提出一种基于灰云模型聚类分析和云重心偏移度理论相结合的评估方法，对风电齿轮箱建立相对全面完整的评估体系，能够有效提高评估结果的准确性。黄必清等建立了海上直驱风电机组运行状态的评估指标体系和多层次模糊综合评估模型，避免了多层次模糊推理掩盖了风机劣化的现象。Yang 等提出了一种处理 SCADA 原始数据的有效方法，实现了对不同运行工况下风电机组健康状况的定量评估，该方法不仅具有潜在的检测风电机组叶片和传动系故障的能力，而且具有跟踪其进一步恶化的能力。Qiu 等通过将时间序列和基于概率的分析方法集成到风电场的 SCADA 系统中，以提高风电机组评估的可靠性。张鑫淼采用隶属云模型代替精确的隶属度函数，通过 3 个特征值建立泛正态分布，以实现对风电机组健康状态更科学、合理的评估。Peng Sun 等利用神经网络建立了小波变换条件参数的预测模型，提出了一种基于 SCADA 系统数据的通用的风电机组异常识别模型。Edzel Lapira 等提出了一种考虑风电机组动态工况的多状态建模方法，并使用 SCADA 数据对它们进行了评估。Dai 等提出了一种基于可靠信息融合的风电机组老化评估方法，并利用实际风电场 SCADA 数据进行了验证。万书亭等应用灰色理论和模糊综合评估的变权法，运用层次分析法构建了风电机组重要特性性能的项目及子项目层次框架，建立了风电机组性能评估模型。

在功率曲线评估方面，张鑫淼采用云模型对输出功率的波动范围和离散程度进行建模分析，并计算不同风电机组风速和功率的相关系数，分析风电机组响应的灵敏度，期望实现对风电机组的性能更全面、更准确的分析。杨帆等采用偏最小二乘回归的方法为风电机组的发电功率进行分段线性建模，对真实输出和模型输出进行比较，对发电功率提升的有效性进行评估。陈华忠等通过研究风电机组运行可靠性的关键指标，建立了风电机组可靠性模糊化评估模型，风电机组运行数据验证结果表明，该方法能够准确反映风电机组的可靠水平。柳青秀等提出了一种基于长短时记忆——自编码神经网络的风电机组性能评估及异常检测方法，能够有效解决以往评估模型较少考虑性能监测数据时序性以及传统固定阈值识别精确率较低的问题，并根据评估结果最终定位至与性能异常密切相关的功能模块。杜勉等结合神经网络技术和随机过程理论分析风电机组 SCADA 数据，提出了一种数据驱动的风电机组性能评估方法。

　　通过上述的数据统计分析方法，可实现对风电机组运行状态的评估，进而评估风电机组退化情况和预期寿命。各种方法的技术路线分析如图 1.1 所示。

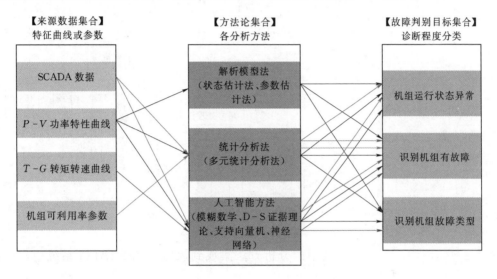

图 1.1　风电机组运行状态评估技术路线图

1.3　故障诊断发展综述

　　风电机组偏航系统和风轮变桨距系统通常在硬件设计上装有冗余传感器来判断故障，如变桨距角度、转速、风速、风向都在不同位置装设相同传感器进行测量和一致性检验。但是有些故障通过冗余传感器检测仍然不易识别，如偏航机械式传感器长期未校准导致测量出现偏差、偏航齿圈齿面磨损引起的偏航对风误差、叶片结冰、变桨距初始安装角度不一致等引起的风轮质量、气动不平衡等。这些隐性故障如果不能及时判别出来，仍继续运行，将造成风电机组停机检修，甚至损坏，严重影响风电机组寿命。因此针对此类隐性故障的诊断更具重要性。

　　在发现风电机组存在亚健康状态的情况下，进行故障诊断是必要步骤。依据常见的故障诊断分类情况，如图 1.2 所示，在诊断程度方面可以分为定性和定量故障诊断两种。实施难度较大的定量诊断方法，又可分为数据驱动和解析模型方法两种，基于数据的统计分析、人工智能、信号处理方法又进行了具体方法种类的延伸，在数据的分析手段方面体现了多样性和智能性。

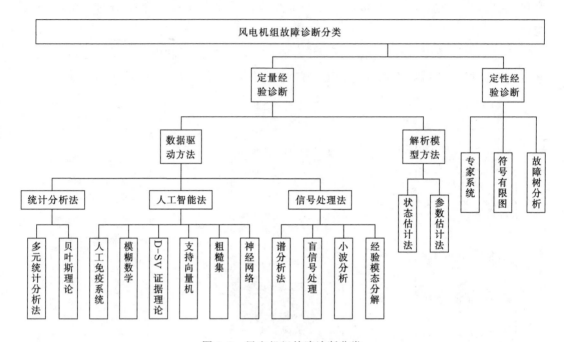

图 1.2　风电机组故障诊断分类

　　风电机组的故障诊断过程可大致划分故障感知（异常识别）、故障隔离（故障分类）、故障定位（故障识别）三个步骤。第一步，通过表征现象分析或检测，发现存在的故障现象；第二步，通过信号处理或数据挖掘与分析，甄别故障类型，进行故障分类；第三步，准确定位故障发生位置，定位发生故障的部件位置，如定位叶片角度偏差量或某叶片重量偏差位置。

　　目前国产风电机组运行时间尚短，缺乏专业知识和经验，基于经验知识的方法进行故障判断不太适用。因此，本书利用基于分析模型和数据驱动的方法在风电机组故障诊断方面进行探讨、研究。

　　基于分析模型的方法，针对风电机组易于建模的部件进行故障诊断时应用较多，如发电机、齿轮箱、轴承、传动链系统等部件。例如：V. Fernao Pires、Manjeevan-Seera、A. B. Borchersen、马宏忠等基于发电机模型，通过提取特征值信号、设计估计器来预测早期故障；LeB 提出了一种海上风电机组部件性能退化、检查及维修的评估模型，用以预测风电机组部件的未来状况及评估指定的维护策略。但目前该方法在整机气动及传动链上很少应用。

　　基于数据驱动的方法多利用 SCADA 数据对风电机组的振动、发电机、齿轮箱、轴承、传动链系统等进行故障诊断。目前的故障预测方法有支持向量机、ARMA 方法、多元线性回归方法、人工神经网络等。大多数学者的基本思路是通过残差趋势分布来实现故障预测。目前，统计分析方法是基于数据驱动的主流方法。因为单变量统计分析已无法适应当今复杂的工业生产过程，所以基于多变量统计分析的故障诊断方法得到了广泛的发展和应用。

现代化工业生产对机电设备，乃至一个零件的工作可靠性，都提出了极高的要求。世界各国也都普遍开展了对大型重要设备的状态监测和故障诊断工作，取得了明显的经济效益。英国 CEGB 公司下属的 550MW 和 660MW 发电厂因发电机组故障每年损失 750 万英镑。采用故障诊断技术后，对发电机组振动故障原因的 5 次正确分析，就取得直接经济效益 293 万英镑。目前，国内外对基于信息融合技术的兆瓦级风电机组故障诊断研究得较少。为确保风力发电设备的安全运行，提高其可靠性和安全运转率，必须加强设备的运行管理，进行在线工况监测，及时发现异常情况，加强对故障的早期诊断和预防。故障诊断技术自 20 世纪 70 年代开展以来，已经历了从简单信号测量到人工智能，再到人机协作的发展过程，快速发展的传统故障诊断技术已在工程应用中发挥了重要作用。虽然传统故障诊断技术对于比较简单的设备和单一故障常能够发挥其独特作用，但是对于大型复杂设备的多故障交互工况环境却显得力不从心，而此时若采用智能故障诊断理论或方法便是一种合理而有效的选择。本书将以旋转机械系统故障诊断为例，对传统和智能故障诊断中的主要方法予以分析和归纳。

1. 传统方法

用于旋转机械系统故障诊断的传统方法以信号处理为基础，而其中的频域方法，就是利用频谱中微弱的特征信号来定位和识别故障。频域方法的研究目前已日趋成熟，并已成为实际诊断系统的主要方法之一。具有代表性的时域方法就是基于数学模型的诊断方法，该方法以建立目标系统完好条件下的精确模型即参考模型为基础，再将实际系统的估计或者监测状态输出和参考模型输出作为依据进行故障诊断。这种方法的准确性和实用性虽然依赖于传感器数据和模型精确性的不利因素，但与频域方法相比却有较小的计算负荷。若时域方法与频域中时间的尺度变换相结合，就能在特定的时间窗下提高频率分辨率，从而有效地增强故障特征的识别性能，该方面的研究主要使用小波分析。

传统诊断方法多是基于单参数、单特征的，而面对日趋复杂的设备或多重故障的情况，使用这些方法常难以给出较为准确的诊断结果。比如现在研究较多的电流特征分析（MCSA）方法，其依据是发电机的一些故障如转子断条、轴承故障等能够在定子电流中产生特殊的频率分量，诊断的方法就是确认定子电流频谱中是否存在故障特征频率分量。然而某些频率可以表示不同故障，或者不同的故障会在某频段上产生相互抵消的效果，或者频段的幅值大小难以被检测到，这就会导致不准确甚至错误的诊断结果。当用其他单参数方法，如振动和温度等情况时也存在同样的问题，所以单参数的诊断方法存在固有的局限性。

由于设备运行状态的多变性与随机性，各故障状态间的界限往往不清晰，而且对某些特征信号的描述也存在不确定性，故障与特征的关系往往也是模糊的，因此模糊理论被引入故障诊断领域。目前用于智能故障诊断的模糊技术主要有两种：一种技术是基于模糊关系及逻辑运算的诊断方法，其基本思想是首先建立故障特征与故障类型之间的因果关系矩阵 R，再建立故障与特征的模糊关系方程，即 $F = S \cdot R$，F 为模糊故障矢量，S 为模糊特征矢量，"$\cdot$" 为模糊合成算子；另一种技术是基于模糊理论的知识处理诊断方法，是将模糊集划分成不同水平的子集，以此来诊断故障可能属于哪个子集。

另外，可能性理论是 Zadeh 在其模糊理论的基础上提出的一种不确定性推理方法，它借助可能性测度和必要性测度两个模糊度量来处理信息的不完全性。由于其具有较好的理论基础，计算复杂性也比较适中，因而有望在不确定性信息处理中得到广泛应用。

模糊语言变量接近自然语言，知识的表示可读性强，模糊推理逻辑严密，类似人类思维过程，易于解释。但是，由于模糊语言变量利用模糊隶属度表示，而如何实现语言变量与隶属度之间的转化，是目前理论和应用上的一个难点。该方法只能对具有模糊性的特征信号进行分析，也仅是一种基于单一故障特征的诊断方法，诊断中的不确定性依然存在。尽管如此，将模糊理论引入故障诊断领域已是一种符合事物本质的必然趋势。

2. 专家系统的方法

基于专家系统的诊断方法是根据被诊断系统的专家以往的经验，将其归纳成规则，并通过经验规则推理来进行故障诊断，在宏观功能上模拟人的知识推理能力。它是以逻辑推理为基础，通过知识获取、知识表示、推理机设计等来解决实际问题，其知识处理所模拟的是人的逻辑思维机制。基于专家系统的诊断方法具有诊断过程简单和快速等优点。但由于该方法主要应用反演推理，因而不是一种能确保唯一性的推理方法，存在如何有效获取知识的瓶颈。并且复杂系统所观测到的症状与所对应故障之间的联系相当复杂，所以由专家经验归纳成的规则往往也不是唯一的，这将会影响推理的准确性。另外，基于规则的方法无法对推理结果做出进一步解释，并且只能利用专家提供的"规则"形式的信息进行故障诊断，通常仅能诊断单个故障，难以诊断多重故障。

在许多专家系统（比如 MYCIN 医疗诊断系统）的知识库中，大都采用产生式系统这种典型结构，用产生式规则表达知识。产生式系统的优点不仅自然、通用和灵活，而且也易于实现模块化和结构化设计。但是，产生式系统也存在不足，如计算机在执行规则时会形成死循环，即由数个规则的前提和结论形成一个循环链，最后由末尾规则的结果子句推出起始规则的前提部分。近年来出现的条件事件代数，是在确保规则概率与条件概率相容的情况下，把布尔代数上的逻辑运算推广到条件事件（规则）集合中的逻辑代数系统。运用它可以对循环规则进行简化，克服传统逻辑在推理过程中的局限性。

3. 神经网络的方法

与专家系统的方法相比，神经网络在微观结构上有效地模拟了人的认知能力，它是以连接结构为基础，通过模拟人类大脑结构的形象思维来解决实际问题，知识处理所模拟的是人的经验思维机制，决策时它依据的是经验，而不是规则。神经网络用于设备故障诊断是近几十年来迅速发展起来的一个新的研究领域，由于神经网络具有并行分布式处理、联想记忆、自组织和自学习能力和极强的非线性映射等特性，能对复杂的信息进行识别处理并给予有效分类，因此可以用来对系统设备由于故障而引起的状态变化进行识别和判断，从而为故障诊断与状态监控提供新的技术和手段。采用反馈神经网络对电机设备进行故障诊断，其基本思想是采用传感器获取表征电机设备故障的特征信号，如转子电流或者电机噪声，进行电机电气或机械故障的诊断。

基于神经网络的故障诊断方法也存在不足之处，如问题的解决要依赖于神经网络结构的选择，而训练过度或不足、较慢的收敛速度等原因都可能影响诊断的效果；定性的或是语言化的信息不仅无法在神经网络中直接使用或嵌入，而且难以用训练好的神经网络的输入输出映射关系来解释实际意义的故障诊断规则。

4. 基于粗糙集理论的方法

对于具有不精确、不一致和不完全性的多源信息，利用粗糙集理论不仅能对其进行有效的分析和推理，还能从中发现隐含的知识，揭示对象内部潜在的规律。通常是将其作为一种知识约简的工具而引入故障诊断中。通过对大量含有冗余的诊断特征进行压缩或精简，再与传统的方法和人工智能的方法结合，用精简过的特征信息进行诊断，就能大大降低计算复杂性和统计工作量，从而有效地提高诊断效率。将粗糙集理论和专家系统相结合，针对机电设备故障诊断中存在的知识冗余和不确定性，从原始信息出发，利用决策表简约算法进行属性和属性值的简约，建立故障诊断的规则库，给出基于粗糙集的故障诊断和知识获取模型的一般性结构。粗糙集和模糊集相结合可以降低处理信息的维数和计算特征值的工作量，从而降低诊断系统的复杂程度。将粗糙集理论应用于神经网络的建模与训练过程中，可有效地简化神经网络的训练样本，在保留重要信息的前提下消除冗余的数据，从而减少输入层神经元的个数，简化网络结构，大大提高系统的学习效率和诊断精度。但是，粗糙集理论仍是一个发展中的年轻学科，它自身还存在着不少问题，如现有的知识发现方法大多是静态方法，而事实上客观对象本身是在不断发展变化的；对大规模数据库而言，粗糙集方法的计算效率较低；目前基于粗糙集的故障诊断方法在运用形式上较单一、诊断逻辑不清晰，缺乏对于诊断性能的分析等。因此，粗糙集理论还有待深入的研究和探讨。

总之，上述的故障诊断方法多是依据特定的故障特征信息类型，分析其具有的某种不确定性，再基于特征与故障之间的关系进行推理并做出诊断。但是对于大型设备的这类复杂系统，单靠某种理论或某种方法很难实现在复杂环境下准确、及时地对设备进行故障诊断。所以，使用新的方法对多种诊断技术的机理进行一定程度上的综合或集成，不失为一种解决复杂系统问题的有效途径。

5. 基于信息融合的方法

基于信息融合的故障综合诊断是当前故障诊断技术发展中的一个重要方面。国外于 20 世纪 70 年代开始对信息融合的研究，信息融合本身具有良好的稳定性、宽阔的时空覆盖区域、很高的测量维数、良好的目标空间分辨率以及较强的故障容错与系统重构能力等潜在特点。1984 年，美国国防部（DOD）成立了数据融合专家组（Data Fusion Subpanel，DFS），1988 年，美国国防部把它列为 20 世纪 90 年代重点研究开发的 20 项关键技术之一。

近年来，信息融合技术逐步渗入故障诊断领域。Rangwala 等运用人工神经网络方法研究了智能工具状态监测问题，西安交通大学的赵方运用多技术信息融合研究了油液分析中的特征描述与监测问题。华中理工大学的梁建成研究了神经网络与模式识别、在传感器融合技术的理论方法及其在铣刀磨损定量监测和破损中的应用。国防科技大学的邱静研究了柔性加工系统多传感器方法的模糊融合监测模型与方法。

当前故障诊断中信息融合的研究主要集中在决策层和特征层，其研究仍然是基础性的，需要进行更深入和广泛的研究。

6. 决策树

决策树中最常用的有 ID3 决策树、C4.5 决策树和分类回归树（CART）算法。C4.5 主要针对 ID3 的缺陷作了一些优化改进，相比于 ID3 只能处理离散型数据，C4.5 能够同时处理连续型和离散型的属性。C4.5 能够处理包含缺失值的数据，同时能够对生成的决策树进行剪枝，包括先剪枝和后剪枝两种方法。剪枝操作能保证决策树的泛化性能，防止树的过拟合。C4.5 相比于 ID3 的另一个重要改进的地方是采用信息增益率代替信息增益作为属性选择的标准。C4.5 的基本原理是在迭代过程中反复计算每个属性的信息增益率，选取信息增益率最大的属性作为决策节点的划分属性，直到决策树的叶子结点中的样本值到达划分阈值，或信息增益率的下降值到达阈值，迭代过程停止，然后对生成的决策树进行剪枝，最后从剪枝后的决策树中提取 if - then 分类规则。CART 树的构建是一个递归地构建二叉决策树的过程，在每一轮迭代中计算所有可能的特征以及每个特征所有可能的切分点，选择基尼指数最低的特征以及对应的切分点作为最优特征和最优切分点，将训练空间分成两个子空间，然后在两个子空间中递归地构建 CART 树，算法停止的条件是叶子结点中样本个数少于阈值，或样本集的基尼指数小于阈值。基尼指数和熵的概念很相近，都可以表示分类误差率，CART 树既可以用于分类也可以用于回归。

7. 支持向量机

支持向量机是一种建立在统计学习理论和结构风险最小原理基础上的机器学习算法，在解决小样本、非线性及高维模式识别中相较于之前的机器学习算法有突出的表现，目前被广泛应用于模式识别、回归估计等问题的求解。对于两分类问题，在线性可分空间中，支持向量机的原理通过寻找支持向量点从而构建最优分离超平面，通过在约束条件下求解最大化函数间隔问题，目标函数变成了一个凸二次规划问题，应用拉格朗日对偶性对问题进行转化可以方便地求解。对非线性分类问题，通过引入核函数，将样本的输入空间转到高维的希尔伯特空间，在高维空间下，原本线性不可分的样本点就会变得线性可分，引入拉格朗日乘子把目标函数的优化问题转化为对偶问题，使得目标问题的求解不再受样本维度影响，而只与样本点个数有关，极大降低了计算量。常用的核函数有高斯核函数、线性核函数、sigmod 核函数、完全多项式核函数等。

8. AdaBoost 提升算法

AdaBoost 提升算法是一种提升任意给定学习算法的方法，理论上可以用来提升任何分类算法，包括决策树、神经网络、支持向量机等。它的基本策略是为每个训练样本分配一个权重，通过改变训练样本的权重，重点对错分样本点进行训练。初始化时 AdaBoost 算法为每个训练样本指定相同的权重，以后每一轮对前一轮训练失败的样本赋予较大的权重，从而加重对难训练的样本的学习，在每一轮的迭代中都可以生成一个分类器，这样在迭代结束之前就可以生成多个基分类器，每个基分类器都有一个相应的权重，并将这些分类器进行线性组合，从而提高整体分类器的预测准确率。

1.4　小结

随着风电产业的快速发展，降低风电成本的需求越来越大。近年来，人们致力于开发先进的状态监测和维护优化技术，以提高风电机组的安全性和可用性，研究结果对风电场的运行和维护有明显的改善作用。通过在状态监测和可靠性分析两方面的努力，为当前风电行业存在的可靠性问题提供了一个全面的视角，这不仅有助于提高风电机组的可靠性设计，而且有助于为风电设备制定正确的维护策略，促进风电行业的发展。老化效应不仅影响风能的捕获，而且影响风电机组的可靠性和运行，一直没有得到充分的重视。为了提高运行可靠性和减少运维成本，对风电机组运行状态的评估成为重要的研究方向。

风电机组属于多部件协同工作的复杂系统，运行状态通常在不同工况之间随机频繁切换，各部件的疲劳强度和运行控制性能不可避免地随环境和时间的变化而逐渐下降，导致故障发生。故障种类可分为电气类（如电气故障、传感器故障等）和机械类（如气动不平衡、偏航误差、主轴传动链系统振动等）两种。针对机组齿轮箱、发电机、低速轴、高速轴、叶片、电气系统、偏航系统、控制系统等方面的故障诊断，根据现有文献研究，电气类故障虽然发生率高，但发生较高故障停机时间的多数是机械类故障。因此，针对风电机组运行过程中频繁发生的偏航系统和风轮变桨距系统故障等进行分析和诊断，对提高风电机组经济运行、提高发电量具有重要意义。

第 2 章

风 电 机 组 概 述

把风的动能转化成机械能，再把机械能转化为电能，这就是风力发电。风力发电所需要的装置，称作风电机组。风轮、偏航系统和变桨距系统在满足风力发电要求中起到至关重要的作用。风轮在气流作用下旋转将捕获的风能转化成机械能，再通过传动链系统拖动发电机运转将机械能转化成电能。

2.1 风电机组的分类

根据风电机组的结构、功率调节方式及安全等级的不同，可以对风电机组进行不同的分类。

1. 根据风电机组旋转主轴的方向分类

根据风电机组旋转主轴的方向分类，风电机组可以分为水平轴风电机组和垂直轴风电机组。

水平轴风电机组可分为升力型和阻力型两类。升力型旋转速度快，阻力型旋转速度慢。对于风力发电，多采用升力型水平轴风电机组。大多数水平轴风电机组具有对风装置，机舱位置能随风向改变而转动。对于小型风电机组，这种对风装置采用尾舵；对于大型风电机组，则采用风向传感元件及伺服电动机组成的传动装置。

垂直轴风电机组也可分为阻力型和升力型两类。阻力型垂直轴风电机组主要是利用空气流过叶片产生的阻力作为驱动力，而升力型则是利用空气流过的升力作为驱动力。由于叶片在旋转过程中，随着转速的增加阻力急剧减小，而升力反而增大，所以升力型垂直轴风电机组的效率远高于阻力型风电机组。

2. 根据叶片数量分类

根据风电机组的叶片数量分类，风电机组可以分为单叶片、双叶片、三叶片和多叶片型风电机组。

3. 根据风轮位置分类

根据风电机组的风轮在气流中的位置分类，风电机组可以分为上风向和下风向风电机组。

上风向与下风向的区别在于风轮叶片与塔筒的位置（相对于来风方向），风轮在塔筒的前面为上风向风电机组，风轮在塔筒的后面则为下风向风电机组。目前的大型风电机组多用上风向风电机组，风吹来时不会被风电机组其他部件影响，风能利用效率高；使用下风向风电机组时因为风会受到前面塔筒的影响（塔影效应），在吹过风轮的时候已经有了部分损失，而且风的稳定性也会变差，对风电机组产生不利影响。目前有的小型风电机组采用下风向型式，因为塔影效应对小型风电机组影响不大。最重要的一点是，下风向风电机组可以根据风向的变化自动进行偏航对风，节省控制成本。

4. 根据风轮的气动功率调节方式分类

根据风轮的气动功率调节方式分类，风电机组可以分为定桨距风电机组和变桨距风电机组。

定桨距是指叶片与轮毂的连接是固定的，桨距角固定不变，即当风速变化时，叶片的迎风角度不能随之变化。失速型定桨距风电机组是指叶片翼型本身所具有的失速特性，当风速高于额定风速，气流的攻角增大到失速条件时，叶片的表面产生涡流，效率降低，从而限制发电机的功率输出。

变桨距是指通过控制安装在轮毂上的叶片改变其桨距角的大小。其调节方法为：当风电机组达到运行条件时，控制系统命令调节桨距角到 45°，当转速达到一定时，再调节到 0°，直到风电机组达到额定转速并网发电；在运行过程中，当输出功率小于额定功率时，桨距角保持在 0°位置不变，不作任何调节；当发电机输出功率达到额定功率以后，调节系统根据输出功率的变化调节桨距角的大小，使发电机的输出功率保持在额定功率。

5. 根据风电机组转速控制方式分类

根据风电机组转速控制方式分类，风电机组可以分为恒速恒频和变速恒频风电机组。风电机组并网运行时，要求发电机的输出频率与电网频率一致。保持发电输出频率恒定的方法有恒速恒频和变速恒频两种。

恒速恒频采取定桨距失速调节或者主动失速调节的风电机组，以恒速运行时，主要采用异步感应发电机。变速恒频采用电力电子变频器将发电机发出的频率变化的电能转化成频率恒定的电能。

6. 根据风电机组的发电机类型分类

根据风电机组的发电机类型分类，风电机组可以分为异步风电机组和同步风电机组。

7. 根据并网方式及额定功率分类

根据并网方式及额定功率分类，风电机组可以分为并网型风电机组和离网型风电机组。

并网型风电机组由传动链系统、偏航系统、液压系统与制动系统、发电机、控制与安全系统组成。并网型风电机组是指风电机组与电网相连，向电网输送有功功率，同时吸收或者发出无功功率的风力发电系统。并网型的风电场一般是规模较大的风电场，容量大约为几兆瓦到几百兆瓦，由几十台甚至成百上千台风电机组构成。并网运行的风电场可以得到大电网的补偿和支撑，更加充分地开发可利用的风力资源，是国内外风力发电的主要发展方向。

离网型风电机组独立于电网运行，单机容量较小，离网型风力发电系统十分适用于牧区、林区、通信基站、气象站、海岛以及边防哨所等电网无法有效覆盖的地区，具有成本低、应用灵活、维护简便等优点。

2.2 风电机组的工作原理

风力发电包含了由风能到机械能和由机械能到电能两个能量转换过程：①风轮捕获的风能转化为机械能；②发电机装置的机械能转化为并网的电能。风电机组最终实现将风能变成电能，该转换过程需要各组成系统相互配合，协同工作。

2.2.1 风电机组能量捕获原理

由流体力学可得，气流的流动动能为

$$E = \frac{1}{2}\rho S v^3 \qquad (2.1)$$

式中　ρ——空气密度，kg/m³；

　　　S——气流通过的横截面积，m²；

　　　v——气流的速度，m/s。

由式（2.1）可知，风能的大小与空气密度 ρ、通过的面积 S 和气流速度的立方 v^3 成正比。

对于水平轴风电机组，假设气流经过整个风轮扫略面时是均匀的，并且通过风轮前后的速度为轴向方向，气流经过风轮旋转面前后的状态如图 2.1 所示。设风轮的气体上游截面为 S_1，来流风速为 v_1；下游截面 S_2，风速为 v_2；通过风轮的扫略面积为 S，实际风速为 v。

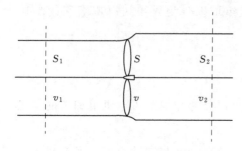

图 2.1　气流经过风轮旋转面前后的状态

则根据质量守恒，可根据理论得到流体的流量关系式为

$$S_1 v_1 = S v = S_2 v_2 \tag{2.2}$$

应用动量定理，可得作用到风轮上的力 F 为

$$F = m(v_1 - v_2) = \rho S v (v_1 - v_2) \tag{2.3}$$

因此风轮从气流中吸收的能量为

$$P = Fv = \rho S v^2 (v_1 - v_2) \tag{2.4}$$

此能量由气流流动动能转换而来，从上游到下游的动能变化为

$$\Delta E = \frac{1}{4} \rho S (v_1^2 - v_2^2) \tag{2.5}$$

可得

$$v = \frac{v_1 + v_2}{2} \tag{2.6}$$

则作用在风轮叶片上的力 F 和功率 P 为

$$F = \frac{1}{2} \rho S (v_1^2 - v_2^2) \tag{2.7}$$

$$P = Fv = \frac{1}{4} \rho S (v_1 + v_2)(v_1^2 - v_2^2) \tag{2.8}$$

给定上游风速 v_2，当风轮功率最大时，则有

$$\frac{\mathrm{d}P}{\mathrm{d}v_2} = \frac{1}{4} \rho S (v_1^2 - 4v_1 v_2 - 3v_2^2) = 0 \tag{2.9}$$

可得，$v_2 = \frac{1}{3} v_1$ 或 $v_2 = -v_1$。由于风电机组正常运行状态时 $v_2 > 0$，所以当 $v_2 = \frac{1}{3} v_1$ 时，可得风电机组理论最大输出功率为

$$P_{\max} = \frac{8}{27} \rho S v_1^3 \tag{2.10}$$

将式（2.10）除以气体通过扫掠面 S 时风所具有的动能，可推得风能的最大捕获效率，即风能利用系数。

风能利用系数表征风轮对自然风能捕获的能力，是风电机组功率输出的重要决定参数。计算公式为

$$C_p = \frac{P_m}{\frac{1}{2}\rho A v^3} \qquad (2.11)$$

式中　P_m——风电机组输出机械功率；

　　　ρ——空气密度；

　　　A——风轮扫略面积；

　　　v——风速。

由动量理论可知

$$C_{p\max} = \frac{P_{\max}}{\frac{1}{2}\rho S v^3} = \frac{16}{27} \approx 0.593 \qquad (2.12)$$

这就是贝兹极限理论，即在忽略不可避免的涡流损失的理想情况下，当风轮远前方的风速是远后方风速的 3 倍时，能获得风电机组的理论最大输出功率。此时，风电机组的极限风能利用系数为 0.593。这表示即使风的全部能量均被利用，风电机组也只能吸收 59.3% 的能量。实际上风电机组是达不到这个理想数值的，各种型式的风轮接受风力的风能利用系数不同。

2.2.2　风电机组空气动力学原理

风轮叶片的作用是将捕获的风能转换为机械能，它的平面形状和剖面几何形状直接影响风轮的空气动力学特性，特别是剖面几何形状即翼型气动特性将直接影响风轮的风能利用系数。

叶素截面与气流速度间的关系如图 2.2 所示，其中叶片的各叶素通常在垂直于风轮旋转平面作旋转运动，叶素旋转产生的旋转气流运动（图中的来流运动）合成为实际的叶素入流速度 W。合成的实际叶素入流速度 W 与风轮旋转平面间的夹角定义为入流角 φ。

叶片弦长（即翼型的前后缘连线）与风轮旋转平面的夹角称为桨距角 β。在定桨距风电机组中桨距角为固定值，该角度仅取决于叶片的安装情况；而在变桨距风电机组中，桨距角是能够不断调节用来改变叶片的攻角，从而提高风电机组的输出功率。

叶片弦长与入流速度方向的夹角称为攻角，攻角 α 为

$$\alpha = \varphi - \beta \qquad (2.13)$$

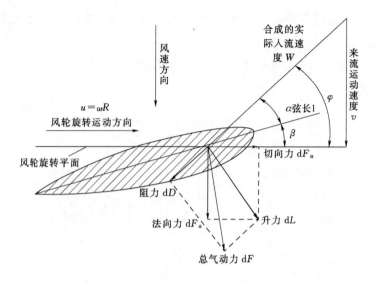

图 2.2　叶素截面与气流速度间的关系

攻角是一个动态角，当叶素的运动速度和风速变化时，攻角将会随之改变。

叶素理论模型是应用一般空气动力学原理，对叶片截面二维翼型载荷分析的一种简化方法。图 2.2 中，在叶片半径 r 处取一长度为 dr 的叶素（叶片分为若干微元），其弦长为 1，假设来流方向的风速为 v，半径 r 处叶片线速度为 u，气流相对于叶片的相对速度为 w，则有

$$w = v - u , u = v - w \tag{2.14}$$

叶素 dr 在相对速度为 w 的气流作用下，产生一个斜向下的总气动力 dF，其计算公式为

$$dF = \frac{1}{2} \rho C_r l w^2 dr \tag{2.15}$$

式中　C_r——总的气动系数。

dF 按相对速度 w 可分解为两部分：与相对速度 w 垂直的升力 dL 和平行的阻力 dD，dL 和 dD 的表达式为

$$dL = \frac{1}{2} \rho C_l w^2 dr \tag{2.16}$$

$$dD = \frac{1}{2} \rho C_d l w^2 dr \tag{2.17}$$

式中　C_l——升力系数；

　　　C_d——阻力系数。

叶素作用升力与气流的入流角 φ、桨距角 β 和攻角 α 有关，风电机组运行过程中对这些参数进行合理调整，叶片可以获得良好的气动性能。

dF 按垂直和平行于旋转平面方向可分解为法向力 dF_a 和切向力 dF_u，叶片转矩由切向力 dF_u 产生。dF_u 和 dT 的计算公式为

$$dF_u = dL\cos\alpha + dD\sin\alpha \tag{2.18}$$

$$dT = r(dL\sin\alpha + dD\cos\alpha) \tag{2.19}$$

在一定风速下，风轮转矩与转速有关，且在某一转速取得最大值。如果风轮能在最大转矩对应的转速附近运行，可使风电机组获得最大的能量输出。为了便于把气流作用下风轮所产生的转矩和推力进行比较，常以叶尖速比 λ 为变量做转矩和推力的变化曲线。转矩系数和推力系数的表达式为

$$C_T = \frac{T}{\frac{1}{2}\rho ARv^2} = \frac{2T}{\rho v^2 AR} = \frac{C_p}{\lambda} \tag{2.20}$$

$$C_F = \frac{F}{\frac{1}{2}\rho Av^2} = \frac{2F}{\rho Av^2} \tag{2.21}$$

式中　　T——风轮的气动转矩，N·m；

　　　　F——推力，N。

图 2.3 为风电机组推力系数曲线。

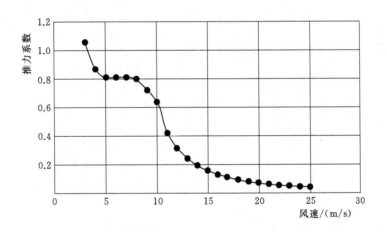

图 2.3　风电机组推力系数曲线

2.2.3　风电机组功率调节原理

根据空气动力学的相关理论，对于某一种翼型的叶片，其风能利用系数是叶尖速

比 λ 和桨距角 β 的函数。叶尖速比是叶尖的线速度和风速之间的比值，即

$$\lambda = \frac{\Omega R}{v} = \frac{2\pi\omega R}{60v} \tag{2.22}$$

式中　R——风轮最大旋转半径，m；

　　　Ω——风轮角速度，rad/s；

　　　ω——风轮转速，r/min；

　　　v——来流速度，m/s。

低速风轮，λ 取最小值；高速风轮，λ 取最大值。

叶尖速比是风电机组的一个重要设计参数，通常在风电机组的总体设计阶段提出。对于某一型号的风电机组，存在一个使风电机组的空气动力学参数和风轮效率达到最佳和最大值的最优叶尖速比 λ_{opt}。

风能利用系数 C_p 是风电机组叶尖速比 λ 和桨距角 β 的函数，可近似表示为

$$C_p(\beta,\lambda) = 0.22\left[116\left(\frac{1}{\lambda+0.08\beta}-\frac{0.035}{\beta^3+1}\right)-0.4\beta-5\right]e^{-12.5\left(\frac{1}{\lambda+0.08\beta}-\frac{0.035}{\beta3+1}\right)} \tag{2.23}$$

由式（2.23）得到的变桨距风电机组的 C_p - β 特性曲线如图 2.4 所示。

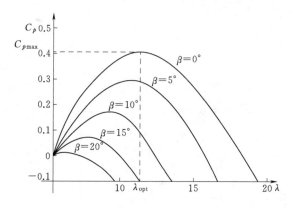

图 2.4　变桨距风电机组的 C_p - β 特性曲线

通过对图 2.4 分析可以看出，对于某一固定桨距角 β，存在唯一的风能利用系数最大值 $C_{p\max}$ 对应一个最佳叶尖速比 λ_{opt}，对于任意的尖速比 λ，桨距角 $\beta=0°$ 时的风能利用系数相对最大。随着桨距角 β 的增大，风能利用系数 C_p 明显减小。因此在风速低于额定风速时，控制桨距角 $\beta=0°$，通过变速恒频装置，在风速变化时改变发电机转子转速，使风能利用系数 C_p 恒定在最大风能捕获点，捕获最大风能；在风速高于额定风速时，调节桨距角 β 从而减少发电机输出功率，使输出功率稳定在额定功率。

2.3 风电机组数据采集与监控

SCADA 系统作为广泛应用于风电机组的状态监测系统,对风电场并网运行的风电机组进行监视和控制。SCADA 系统的主要功能有数据采集、风机监控、参数调节以及各类信号报警等。完整、可靠的风电机组在线监测信息为风电机组的性能分析和健康状态的评估提供了数据支撑和可行性。目前,在风电场的日常管理中,运行人员主要通过 SCADA 系统实现监控风电设备的日常运行、常见故障报警复位等工作。而SCADA 数据作为风电机组第一手的现场资料,可以对其进行充分的利用和分析,挖掘更多有价值的信息服务于风电场的日常运维和现场管理。

2.3.1 SCADA 系统的监控变量

SCADA 系统的主要功能为定期采集风电机组各部件或子系统的运行状态数据并进行记录。当所监测数据超出限定阈值,系统将发出警告信息提醒运维人员做出相应处理。SCADA 系统所监测的运行状态信息较多,主要包括以下监测变量。

1. 转速监测

转速监测主要包括主轴转速和发电机转速,用于控制风电机组并入电网、脱离电网以及执行超速保护指令。两个转速中任意一个超过报警阈值都将执行停机动作从而确保风电机组安全运行。同时两个转速能够相互校核和验证,若脱离实际情况则及时报警。

2. 温度监测

温度监测变量较多,温度传感器遍布于齿轮箱系统、发电机系统、控制柜、机舱外部等位置,并将所采集的温度参数反馈给控制系统。主要的温度监测量有齿轮箱输入轴输出轴温度、齿轮箱油箱温度、入口出口油温、主轴两端轴承温度、机舱控制柜温度、变桨电机温度、环境温度等。在风电机组的控制保护逻辑中,温度过高将导致机组报警,当报警超过 10min 机组将执行停机。

3. 电网因素参数

电网因素参数主要包括相电压、相电流、电网频率、有功功率、无功功率、功率因数等。这些参数主要用于判断风电机组的启动条件、工作状态、故障情况,以及计算风电场的总发电量。

4. 风速

一般情况下通过风速仪测得的风速并不准确，不能直接用于风功率的计算，需要通过相应的修正。

5. 其他

其他还包括振动加速度、偏航角度、入口油液压力、出口油液压力、桨距角、各个模块或关键零件的开关量、动作量、状态量等。

2.3.2　SCADA 系统的监控性能

风电机组的监测项目包括离散变量和连续变量。离散变量监测项目主要用 0、1 等编码表示，其监测结果能够直观显示各个模块和零件的运行状态。离散变量更多的作用是查看控制指令和机组各个模块的状态量、动作量和开关量，不能用于机组健康状态的评估指标体系中。

连续变量监测项目主要针对风电机组运行过程中变化缓慢的各指标参数，系统经过固定周期采集一次并反馈到风电机组控制系统。在风电机组的控制保护逻辑中，对每个监测变量设置固定的上下阈值，只有当监测数据超出阈值时才会触发风电机组控制保护逻辑，实行停机保护。因此，在风电场的现行管理中，连续变量监测数据目前主要用于产生越限报警和生成统计数据。

风电场 SCADA 系统可实现后台以图像化和实时数据的方式提供给运维人员，并生成报表、图表等辅助分析模块。运维人员通过这些信息对风电场运行情况进行综合分析，减少人员现场维护工作量，提高效率。

从经济角度考虑，开展风电机组健康状态评估可以实现用最低的运维费用实现最高的机组利用率，从而保证和提高风电场的经济效益。同时，基于风电机组健康状态评估提前预知风电机组健康状态发展趋势，可以为风电场实施合理有效的维护决策提供技术支持。

从安全角度考虑，开展风电机组健康状态评估可以及时发现安全隐患，掌握设备劣化趋势。实施合理有效且精确的健康状态评估，可以提高风电机组的可靠性，消除故障隐患，避免重大安全事故的发生。

从生产角度考虑，合理有效的风电机组健康状态评估能够为风电场日常维护决策的制定提供依据，减少备品备件库存，进而降低风电场的备件库存费用。

目前大型风电场的数据都被 SCADA 系统收集和储存。在风电机组运行过程中

SCADA 系统收集并分析大量表现该系统特征和运行状态的数据信息。这些信息样本点数量巨大，用于刻画系统特征的指标变量众多，并且带有动态特性。SCADA 系统中观测参数的数量较多，数据提取方便，可为采用数据驱动的方法实现风电机组状态监测提供便利条件。

2.4　小结

本章首先介绍了风电机组的分类，详细说明了风电机组的主要类型；针对风电机组的能量转换原理，说明了风电机组能量捕获原理以及空气动力学原理，推导了贝兹极限理论，阐明了风电机组最大风能利用系数 0.593 的由来；并基于风电机组的气动原理介绍了风电机组的桨距角调节原理。同时介绍了风电机组 SCADA 系统，包括 SCADA 系统的功能、监控变量以及监控性能。

第 3 章

基于功率曲线的风电机组运行评估

功率曲线是评估风电机组运行特性的重要技术指标，表征风电机组在不同风速下发电的有功功率大小。从技术角度出发，功率曲线是风电机组的设计依据，也是检验机组性能、考核风电机组发电量的关键指标。从经济角度出发，功率曲线与投资者的收益紧密相关，当风电机组实时运行的功率曲线超过标准功率曲线时，即实际发电量高于设计发电量，则短期运行表现为收益理想，然而，长期运行则会导致风电机组长时间处于过载状态，降低风电机组寿命；当风电机组实时运行的功率曲线低于标准功率曲线时，即风电机组实际发电量未达到设计发电量，收益率下降。要让风电机组运行得到的功率曲线作为判断风电机组性能的重要参考依据，在考察期内应注意以下问题：①风电机组状态及运行条件正常（如没有限功率，风速仪的传递函数准确、可靠，测量时间及其连续性符合相关标准，风电机组控制器、功率检测元件、风向标、风速仪、叶片零位和控制参数等正常）；②功率曲线的采样周期、数据采样、数据筛选、生成方式等科学、合理，并与现场风电机组的运行条件相适应，而不是一味地、教条地执行 IEC 61400—12 标准；③采取多种有效措施排除风况、地形等因素的干扰（如把不同机位、不同风电场的同一厂家同种机型批量风电机组的功率曲线进行分析和比较）；④在考察期内没有修改风电机组的功率控制程序及功率参数等。

3.1 风速对功率曲线的影响

风电机组的功率曲线是描述风速与风电机组输出功率之间关系的曲线，是评估风电机组性能的重要指标。按照 IEC 61400—12 标准的定义，通过实际测量得到的风电机组输出功率，随 10min 平均风速变化的关系曲线称为风电机组的功率曲线。这种测试得到的功率曲线具有独特性，是针对具体的风电场而言，当用于其他的风电场时，仍然需要进行修正。由于自然风风速、风向变化等的不确定性，尤其是山区地形的复杂,使得准确测试风电机组功率曲线有较多困难,目前相关的测试方法和标准仍在完善中。此外,在风电机组的设计过程中,也需要对风电机组的性能进行评估,对风电机组的功率曲线进行设计仿真,这样得到的功率曲线可以称为理论功率曲线或设计功率曲线;根据所用风速模型的不同,又可以分为静态功率曲线和动态功率曲线。本书以某1.5MW风电机组为研究对象,其基本参数见表3.1,图3.1所示为1.5MW风电机组静态与动态功率曲线对比。

表 3.1　　　　　　　　　　某 1.5MW 风电机组基本参数

参　数	数　值	参　数	数　值
额定功率/kW	1500	设计使用寿命/年	20
功率调节方式	变桨变速调节	设备可利用率	≥95%
风轮直径/m	70	运行温度范围/℃	−30～+40
轮毂高度/m	65	转速范围/(r/min)	9～19
切入风速/(m/s)	3	额定转速/(r/min)	19
额定风速/(m/s)	12	扫风面积/m²	3850
切出风速/(m/s)	25（10min 平均风速）	旋转方向	顺时针（从上风向看）
极大风速/(m/s)	70（3s 内平均风速）	额定电流/A	660（相）

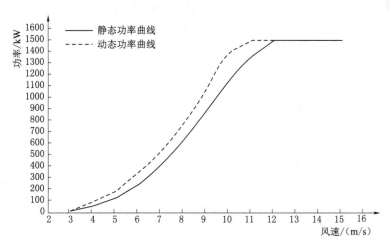

图 3.1　1.5MW 风电机组静态与动态功率曲线对比

(1) 风速模型与静态功率曲线。当风速模型视为不随时间变化的稳定值时,按照从切入风速至切出风速的最佳叶尖速比和功率系数,可以计算出不同风速对应的功率值,将得到的风速和功率值数据对绘制成功率曲线图,即为风电机组的静态功率曲线。可以看出,静态功率曲线忽略了风速的湍流特性,是风电机组理想情况下的机组出力特性。

（2）风速模型与动态功率曲线。当风速模型视为随时间变化的波动值时，将所有风速按照 0.5m/s 进行分组，并分别计算出每个风速组内所有风速和功率的平均值，绘制出的功率曲线即为风电机组的动态功率曲线。动态功率曲线考虑到了风速的随机性，与静态功率曲线相比，更符合风电机组的实际运行情况。

风电机组的输出功率随风速不断变化，取某风电场某一时间内的风速和功率时间序列绘制折线图，如图 3.2 所示。理论上风电机组的输出功率为

$$P = \frac{1}{2} C_p A \rho v^3 \qquad (3.1)$$

式中　　P——风电机组的输出功率；

　　　　C_p——风电机组的风能利用系数；

　　　　A——风轮扫掠面积，$A = \pi R^2$；

　　　　R——风轮半径；

　　　　ρ——空气密度；

　　　　v——风速。

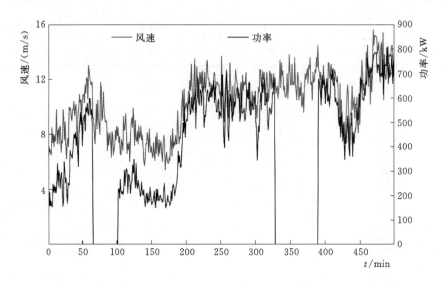

图 3.2　风电机组的风速和功率时间序列图

3.2　功率曲线的其他影响因素

在实际工程中对风电机组功率曲线的考核比较困难，风电机组的功率曲线作为风

电机组的一个重要性能指标，不仅能够反映机组的性能是否能够达到预期，而且能够通过对比各风电机组的功率曲线发现风电机组是否出现异常并及时进行排除，减少发电量损失，对功率曲线的测量和评估具有重要意义。

按照 IEC 标准的定义，测试功率曲线是风电机组的标准功率曲线，也是风电机组的动态功率曲线。对风电机组的功率曲线进行测试是个比较复杂的过程，需要对风电机组的运行进行较长期的观测，记录的数据包括连续 10min 平均风速及平均功率、大气压力、空气密度以及环境温度、地形等，然后换算成标准条件下的环境值，对测试得到的功率值进行修正，并把风速换算成轮毂高度处的值，再对修正后的数据进行分组、统计，最后绘制出测试功率曲线。

实测功率曲线，在国际上普遍采用 IEC 61400—12 标准，其采样周期为 10min。实测功率曲线不是唯一的，因为它也是通过采集现场的数据进行散点图绘制而成。风电机组的实测功率曲线很离散，且范围较宽，还会因测量者、测试公司的不同而不同。因此，利用实测的风电机组发电功率与风速计算的风能利用系数，不但可能会超过 0.5，超过贝兹极限也是可能的。正因如此，一般不采用实测功率曲线值作为标书上的标准功率曲线。在设计评估或设计认证时，国内大部分整机制造商所提供的担保功率曲线是通过仿真计算出来的理论功率曲线。

在风电的项目合同中，风电制造商通常需要为投资方提供一条保证全年发电量的功率曲线，称为保证功率曲线。原国家经贸委在"国债风电"项目中提出的对风电机组发电量的要求为：风电机组实际年发电量不得低于整机厂承诺的年发电量的 95%，承诺年限由购售双方商定。这也是国际风电项目中通常采用的指标。计算方法为

$$P_1/P_2 > 95\% \tag{3.2}$$

式中　　P_1——该风电机组对应年的实测发电量；

　　　　P_2——根据整机厂提供的风电机组功率曲线与当年整年的风频曲线所计算的应达到的年发电量。

如何针对投标风电场的条件对标准功率曲线进行修正，以提供满足机组运行要求的保证功率曲线，是风电制造商必须要考虑的问题，因此风电制造商应根据风电场实际条件进行修正，并考虑各种因素对功率曲线的影响因子。

3.2.1　风切变的影响

使用 Bladed 软件进行的仿真，结果表明，风切变的变化对风电机组功率曲线的影响很小。目前实际的风电场试验数据还很少，无法进行有效的比对；对具体的风电场，只有当轮毂高度以上的风切变和轮毂高度以下的风切变明显不同时，需要考虑其对功率曲线的影响。

3.2.2　地理条件的影响

不同风电场所在的地理位置不同，山地、丘陵、盆地、平原等不同地势均会影响风电场的湍流强度；湍流强度是指速度波动的均方根与平均速度的比值。

湍流强度的公式为

$$I = \frac{\sigma}{v}$$

其中
$$\sigma = \sqrt{\frac{1}{599} \sum_{i=1}^{600} (v_i - v)^2}$$
(3.3)

式中　σ——10min 风速标准偏差；

v——10min 平均风速；

v_i——$t = i$ 时刻的风速。

在计算某风速区间的湍流强度时，该风速区间内若干个 10min 平均风速的标准偏差值是一个随机变量，其一般服从正态分布规律。因此不能简单地将该段风速区间内 10min 平均风速的标准偏差直接除以平均风速作为湍流强度。湍流强度的正确算法是在平均风速标准偏差均值的基础上再加上一个平均风速标准偏差的标准偏差，即 $\sigma = \bar{\sigma} + \Delta\sigma$。

湍流强度越大，对风电机组功率曲线性能影响越大，是对功率曲线影响最大的因素，这也是静态功率曲线与动态功率曲线存在差异的主要因素。1.5MW 风电机组不同湍流强度对功率曲线的影响如图 3.3 所示。

复杂地理条件主要是考虑距离风电机组一定距离内的地形高度偏差及坡度对风电机组的影响。复杂地形对风电机组周围的湍流造成较大影响，使得风速、风向都呈现更多的变化性。在 20°的地形倾角范围内，用 0～1％内的影响因子来修正功率曲线比较合适；对变速变桨型风电机组，当地形坡度为 4％时，测试功率曲线和标准功率曲线的年发电量相差 0.45％；当坡度增加到 20％以上时，两者的年发电量差值达到 1.78％。

3.2.3　叶片污垢和冰载的影响

风电机组叶片受污染后，叶片表面的污垢将影响叶片的气动性能，并过早地造成涡流，将会减少风电机组的功率输出，Bladed 软件给出的功率损失因子是 0.5％，气候干燥或叶片老化时可以采用 1％的损失因子来修正。

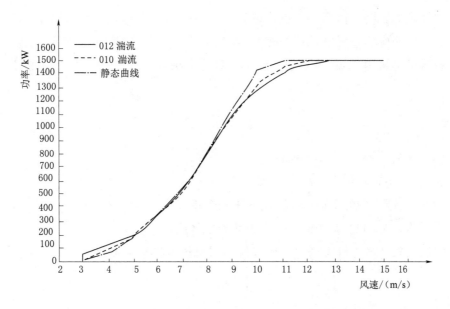

图 3.3　1.5MW 风电机组不同湍流强度对功率曲线的影响

3.2.4　空气密度的影响

空气密度对功率曲线的影响主要是指温度、大气压力的变化对功率曲线的影响，以及风电场地理条件对功率曲线的影响。由式（3.1）可知，风功率与空气密度 ρ(kg/m^3)、风速 v(m/s)、风轮扫略面积 S(m^2) 等因素有关。根据风电场的环境条件计算风电场的实际空气密度为

$$\rho = \rho_0 \frac{P}{P_0} \cdot \frac{T_0}{T} \qquad (3.4)$$

式中　T——现场的大气温度；

P——现场轮毂高度处的气压；

ρ_0——标准条件下的空气密度，$\rho_0 = 1.225$kg/m^3；

T_0——标准条件下的温度，$T_0 = 273.15$K；

P_0——标准条件下的气压，$P_0 = 101.33$kPa。

气压和温度随着风电机组安装位置的变化而变化。根据风电场所处位置的气压和平均温度等数据，可算出现场运行的空气密度。从理论上分析，在不计算失速调节的情况下，由于空气密度的下降，风电机组的功率曲线相对标准功率曲线右移，右移的幅度与空气密度影响的功率变化的幅值大小成正比。

标准功率曲线是在 ISO 标准空气密度 1.225kg/m^3 的条件下得到的，大气压强和环境温度的改变都会导致空气密度发生变化，因此在进行发电量评估时需要考虑空气

密度变化带来的影响。由图 3.1 也可以看出，空气密度下降将会导致风电机组的切入风速增加，要相应调整风电机组的控制策略。风电机组的功率和空气密度成正比，因此对失速型风电机组来说，空气密度对功率的影响可以用一个简单的比值关系来表示，即

$$P_0 = \frac{\rho_0}{\rho}P \tag{3.5}$$

式中　P_0——标准条件下的功率；

ρ_0——标准条件下的空气密度；

P——实际风电场 10min 测试的平均功率；

ρ——实际风电场 10min 测试的平均空气密度。

对变速变桨型风电机组来说，应按照下式对风速进行标准化

$$v_0 = \frac{\rho_0^{\frac{1}{3}}}{\rho}v \tag{3.6}$$

式中　v_0——标准条件下的风速；

v——实际风电场 10min 测试的平均风速。

此外还需要考虑大气压力以及风速测试方法等的影响。

在利用风电机组标准功率曲线进行风电场发电量估算和提交标准功率曲线时，应根据具体的大气环境对标准功率曲线进行修正，引入不同的影响因子来评估以上因素的影响。

3.2.5　风速传感器的影响

首先，风速传感器应具有一定的采样频率和测量精度，否则会对风速测量精度有影响。其次，风速传感器的安装位置影响风速的测量。以安装在机舱后方的风速传感器为例，通过 Fluent 仿真分析可以看出，由于机舱和风轮的扰流影响，安装风速传感器处的风速明显偏大，造成测量的风速偏大，风电机组功率曲线性能降低。IEC 61400—12 标准在功率曲线的测量评估方法中要求搭建标准的测风塔来测量风电机组的来流风速，并对测风塔测量的扇区进行规定，用以保证测风塔测出的是被测风电机组的来流风速，而不是尾流。图 3.4 为 Fluent 仿真扰流对风速传感器测量的影响。

3.2.6　数据采样周期的影响

由于风电机组风轮质量较大，SCADA 系统上经常出现显示的瞬时风速和功率不一致的情况，且风速变化的随机性很大。这种短时的数据不具有评估价值，不能用于

图 3.4　Fluent 仿真扰流对风速传感器测量的影响

评估风电机组的功率曲线性能。风电机组实际运行功率曲线的形成需要一个较长的时间过程；因此，评估功率曲线一定要使用长期数据。同时，现场的功率曲线调整后所需的验证时间较长。

3.3　功率曲线数据的采集与处理

风机制造厂家通常会给出某种机型的标准功率曲线。这种功率曲线是严格按照 GB/T 18451.2—2012《风力发电机组　功率特性测试》标准测量和绘制的，绘制步骤为：第一步，组建测量装置，根据测量步骤进行数据收集、数据剔除和数据修正，得到一个数据集；第二步，对该数据集进行标准化，应用 bin 法处理标准化后的数据集，得到每个风速段，即各 bin 中的标准风速平均值和标准功率输出平均值，然后连接每个风速—功率对确定的点，就得到了标准功率曲线。风电机组的功率特性主要包括测量功率曲线和年发电量评估两个方面，其中测量功率曲线是基础。针对风电场现场运行的实际情况，本节利用风电机组的 SCADA 记录运行数据，选取风电机组运行时的输出功率、风速、气象等测量数据，对现场风电机组的功率曲线进行动态测量。

对于风电机组功率曲线的测试，GB/T 18451.2—2012 规定了功率曲线的测量和年发电量的估计方法。但标准中对测量的环境和条件进行了严格的规定，该标准主要应用在特定的试验环境中，服务于新型风电机组功率特性测试和评估，一般的风电场不能满足标准规定条件。即使能按照标准的要求安装测风塔等，但是对于大中型风电场，由于风电机组分布广以及风电机组之间相互影响，不可能满足标准的测试条件，考虑到风电场的经济性，整个过程也难以做到。因此目前较为普遍的功率曲线的测量方法是采用风电场 SCADA 系统中存储的风电机组上的风速传感器测量的风速数据和发电机输出的有功功率数据来进行。

3.3.1　现场数据的采集

风电机组运行过程中，SCADA 系统对风速、大气压力、环境温度、输出功率等信号进行记录，并对 10min 的数据进行统计平均处理。利用 SCADA 系统查询历史数据的功能，调用 10min 间隔历史测量数据用于分析。所需数据及其适用条件见表 3.2。

表 3.2　数据类型及其适用条件

数 据 类 型	采 样 频 率	适 用 条 件
限功率标志	8s	FALSE
风速	8s	风速不小于 0
有功功率	8s	
系统 OK 时间	8s	系统 OK 时间不等于 0
外部故障时间	8s	外部故障时间等于 0
环境 OK 时间	8s	环境 OK 时间不等于 0
维护时间	8s	维护时间等于 0
平均风速	10min	经秒级数据计算而得
平均有功功率	10min	经秒级数据计算而得

3.3.2　数据预处理

3.3.2.1　数据剔除

在测量的过程中，应确保只有在风电机组正常运行下采集的数据用于分析，并且数据没有被破坏，下列情况的数据应从测量数据库中予以剔除：

（1）风速以外的其他外部条件超出风电机组的运行范围。

（2）风电机组故障引起的停机。

（3）测试中或维护运行中的人工停机。

（4）测量仪器故障或降级。

3.3.2.2 数据修正

风电机组的功率曲线受空气密度、现场湿度、温度、气压、输出功率和风速的影响。在功率曲线测量的过程中，需要将相关的量进行标准化，折算到指定标准下的测量，不同情况下的折算关系如下：

空气密度可以由气温和气压的测量值得出

$$\rho_{10min} = \frac{B_{10min}}{R_0 T_{10min}} \tag{3.7}$$

式中　ρ_{10min}——测得的空气密度 10min 平均值；

T_{10min}——测得的绝对气温 10min 平均值；

B_{10min}——测得的气压 10min 平均值；

R_0——干燥空气的气体常数，$R_0 = 285.5J/(kg \cdot K)$。

对定桨距定转速的失速调节风电机组，应对输出功率进行标准化，即

$$P_n = P_{10min} \left(\frac{\rho_{10min}}{\rho_0} \right)^{1/3} \tag{3.8}$$

式中　P_n——标准输出功率；

P_{10min}——测量功率 10min 平均值；

ρ_0——标准空气密度。

对于有功功率控制的风电机组，应对风速进行标准化，即

$$v_n = v_{10min} \left(\frac{\rho_{10min}}{\rho_0} \right)^{1/3} \tag{3.9}$$

式中　v_n——标准输出风速；

v_{10min}——测量风速 10min 平均值。

3.3.2.3 数据清洗

数据作为模型建立的关键，数据采集应满足数量足、质量高的要求。数据清洗就是利用现有技术手段和方法对数据中存在的"坏"数据进行有效检测，并采取剔除或修正的处理方式，从而提高数据质量。数据清洗的过程主要由标准化、解析、增强和重复归并四个部分组成。

K-means 算法是简单且经典的聚类算法，是聚类算法的基础和根源，在聚类算法的发展进程中有举足轻重的地位，并被广泛应用在数据挖掘中，可基于此进行数据清洗。但在大数据时代，由于初始聚类中心点和簇数的不确定使 K-means 算法的聚类效果不佳，算法效率低下，根本无法满足实际大数据场景下的应用需求。

Spark 是一个大数据分布式内存计算框架。它继承了 Hadoop 和 Map Reduce 的扩

展性和容错性，并对编程模式进行了改进，还引入了弹性分布式数据块 RDD（resilient distributed dataset）的概念，使得 Spark 可以基于内存高效处理数据流。RDD 是 Spark 的核心优势和特色所在，其实质上是以分布式内存为基础的一种并行数据结构，可实现用户数据的内存存储，并对分区划分采取控制，达到数据分布优化的目的。由于 Spark 支持多种语言、基于内存的高效计算和极高的兼容性等优点，目前已被广泛应用于大规模数据处理过程。

　　采用 Spark 技术进行数据分布的优化，应用 K‐means 聚类算法进行数据清洗。以东北地区某风电场指定机型 4 号风电机组的 2016 年 3 月 1 日 00：00 到 2016 年 4 月 1 日 24：00 的运行数据中的风速 v 和输出功率 P 为研究对象，分别绘制风速、功率的时间序列图（图 3.5）和风速与输出功率的二维散点分布图（图 3.6）。

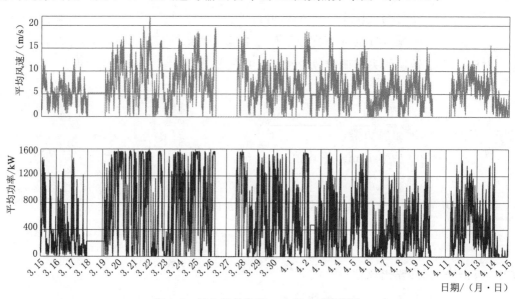

图 3.5　风电机组风速、功率时间序列图

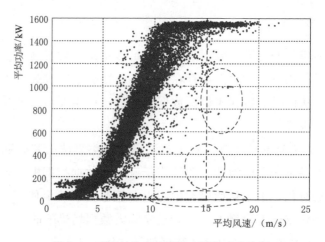

图 3.6　风速与输出功率的二维散点分布图

由图 3.5 和图 3.6 可直观地发现有异常数据点存在，包括异常数据（实线标注）和相对差的数据（虚线标注），所以需要进行数据清洗。

本书针对异常数据点的剔除，主要运用 K-means 算法的思想和 Spark 的并行计算。将风速—功率数据分成以风速区间为 0.5m/s 的片段，并对各片段分别采用 K-means 算法形成多个微簇，微簇的数据简要结构定义为

$$C = [N_{num}, L_s, S_s, C_s, B_s, p_0, p_1] \qquad (3.10)$$

式中　　N_{num}——包含于该微簇内数据点的个数；

　　　　L_s——数据元素属性线性；

S_s、C_s、B_s——数据元素的平方和、立方和以及四次方和；

　　　　p_0——微簇生成初始位置；

　　　　p_1——微簇的最后更新位置。

由于不断变更的位置微簇的个数一直增加，这就需要进行定期维护，即计算每两个微簇的间距 D

$$D = \sqrt{\frac{\sum\limits_{i=1}^{N_1}\sum\limits_{j=N_1+1}^{N_1+N_2}(x_i - x_j)^2}{N_1 N_2}} = \sqrt{\frac{S_{s1}}{N_1} + \frac{S_{s2}}{N_2} - \frac{2L_{s1}L_{s2}}{N_1 N_2}} \qquad (3.11)$$

式中　　x_i，x_j——两个微簇中第 i，j 个数据元素。

如果 D 小于设置的阈值则按下式合并

$$C_1 + C_2 = [N_1 + N_2, L_{s1} + L_{s2}, S_{s1} + S_{s2}, C_{s1} + C_{s2}, B_{s1} + B_{s2}] \qquad (3.12)$$

反之则进行数据的清洗处理。阈值的设定一般选择为 $\mu \pm 3\sigma$，其中，μ 为均值，σ 为标准差。最后利用清洗后的风速—功率数据对功率曲线的散点进行曲线化分析。

基于 Spark 优化 K-means 聚类算法的数据清洗算法框架如图 3.7 所示。

3.3.3　构造风电功率曲线离散型模型

3.3.3.1　建模方法的选择

对实测数据进行分析时，常用的风电功率曲线建模方法主要有最大值法、最大概率法及 bin 法。

1. 最大值法

最大值法最简单，它先将所有数据按照风速大小分成 M 个互不交叉、大小相等的数据组，并找出每组中风速最大值 $v_{i\max}$ 和与其对应的功率最大值 $P_{ij\max}$，从而得到 M 个（$v_{i\max}$，$P_{ij\max}$）数据对，用光滑曲线将这些点连起来便得到最大值法的风电功

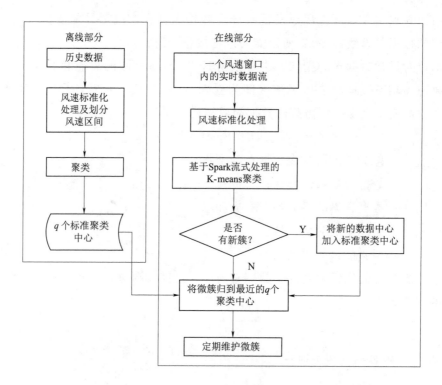

图 3.7 基于 Spark 优化 K - means 聚类算法的数据清洗算法框架

率曲线。该模型对历史数据使用不充分，所得到的风电功率曲线误差较大，平滑性较差，不稳定。

2. 最大概率法

最大概率法是将风速和功率数据按照风速分成 M 组，如每组数据风速间隔为 0.5m/s。从每组数据中随机抽取一小区间 (v_{i1}, v_{i2})，间隔设为 0.1m/s，即 $v_{i2} - v_{i1} = 0.1$m/s。由于小区间宽度远小于整个风速范围，因此区间内风速均可视为一个点值 v_{i2}。对小区间内的功率值进行概率统计，其中概率最高的功率值记为 P_{imax}，这样 M 组数据共产生 M 个 (v_{i2}, P_{imax}) 数据对，通过曲线拟合将其拟合成最大概率法的风电功率曲线。最大概率法优于一般方法之处在于它使更多的数据点靠近曲线，体现出实测数据的密集程度。

3. bin 法

bin 法在建模过程中用到了所有数据，曲线平滑，模型误差稳定。该方法首先需将风速按大小划分为一个个小区间，称为风速 bin。为了建模方便，取每 0.5m/s 风速为 1bin，然后将每 bin 中的风速、功率分别求平均值，得到一个对应点 (v_i, P_i)。

用一条平滑的曲线将点（v_i，P_i）连起来，即得到 bin 法建模的功率曲线。

采用最大值法、最大概率法和 bin 法对实测风电功率曲线进行确定性点估计，3 种方法建模时均以 $\Delta v = 0.5\text{m/s}$ 把风速等分为 50 个风速区间。常用的误差指标为平均绝对误差（MAE）、平均绝对百分比误差（MAPE）和均方根误差（RMSE）。本书所用 MAPE 定义为估计误差与历史最大功率的比值的平均值，这样可以避免在功率很低或者近似为零时误差受到实际值的较大影响。这些误差指标是评价模型精度、选择建模方法的重要依据。误差指标公式为

$$MAE = \frac{1}{N} \sum_{i=1}^{N} | P_{ci} - P_{gi} |$$

$$MAPE = \frac{1}{N} \sum_{i=1}^{N} \frac{| P_{ci} - P_{gi} |}{P_{max}}$$

$$RMSE = \sqrt{\frac{1}{N} \sum_{i=1}^{N} (P_{ci} - P_{gi})^2} \tag{3.13}$$

式中　P_{ci}——功率测量值；

　　　P_{gi}——实测风速经过风电功率曲线函数映射得到的功率估计值；

　　　P_{max}——历史最大功率值；

　　　N——数据点个数。

表 3.3 给出了 3 种方法所得结果的误差比较。

表 3.3	误　差　比　较		
估计方法	MAE	MAPE	RMSE
最大值法	23.135	0.027	33.644
最大概率法	19.487	0.023	30.251
bin 法	13.366	0.006	23.779

误差分析表明，bin 法对应的估计误差较小，并且 3 项误差指标均小于最大值法和最大概率法的估计误差；bin 法具有更高的估计精度，因此能在风电功率曲线建模上取得更好的效果。所以采用 bin 法对风电机组实测数据进行风电功率曲线建模。

3.3.3.2　bin 法建模

根据 GB/T 18451.2—2012《风力发电机组　功率特性测试》，测量功率曲线是对折算后的数据组用 bin 法确定的，即以 0.5m/s 为 bin 的宽度。对每一风速区间计算标准化后的风速、输出功率平均值，即

$$v_i = \frac{1}{N_i} \sum_{j=1}^{N_i} v_{i,j} \tag{3.14}$$

$$P_i = \frac{1}{N_i} \sum_{j=1}^{N_i} P_{i,j}$$

(3.15)

式中　v_i——折算后第 i 个 bin 的风速平均值；

　　　$v_{i,j}$——测得的第 i 个 bin 的数据组 j 的风速值；

　　　P_i——折算后第 i 个 bin 的功率平均值；

　　　$P_{i,j}$——测得第 i 个 bin 的数据组 j 的平均输出功率值；

　　　N_i——第 i 个 bin 的 10min 数据组的数据数量。

　　将（v_i，P_i）用一条平滑的曲线进行连接，即得 bin 法的模型功率曲线，可称其为测量曲线，如图 3.8 所示。功率曲线测试结果见表 3.4。数据清洗后，数据的有效性得到了保障，无论采用何种方法进行建模，都会提升模型的准确度。

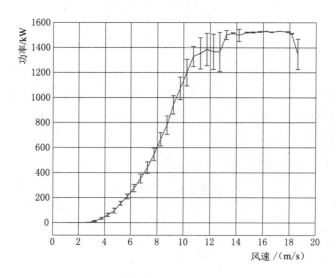

图 3.8　被测风电机组测量功率曲线

表 3.4　　　　　　　　　　被测风电机组测量功率曲线数据表

序号	bin/(m/s)		频数	功率/kW	风速/(m/s)	功率方差	功率系数
1	1	1.5	111	0	1.273	0.01	0
2	1.5	2	171	0	1.770	0.01	0
3	2	2.5	209	0.1	2.246	0.67	0.004
4	2.5	3	233	1.6	2.748	2.80	0.033
5	3	3.5	217	12.3	3.238	10.34	0.154
6	3.5	4	244	34.0	3.758	15.00	0.272
7	4	4.5	294	62.0	4.247	26.34	0.343

续表

序号	bin/(m/s)		频数	功率/kW	风速/(m/s)	功率方差	功率系数
8	4.5	5	369	95.9	4.758	38.99	0.378
9	5	5.5	311	154.6	5.247	30.02	0.454
10	5.5	6	361	209.3	5.743	38.55	0.469
11	6	6.5	362	275.9	6.248	59.02	0.480
12	6.5	7	328	353.1	6.737	70.58	0.490
13	7	7.5	329	440.7	7.251	91.74	0.490
14	7.5	8	345	546.2	7.747	98.87	0.498
15	8	8.5	239	665.9	8.243	105.54	0.504
16	8.5	9	274	780.0	8.740	148.18	0.496
17	9	9.5	201	942.7	9.232	146.3	0.508
18	9.5	10	164	1073.5	9.753	179.53	0.491
19	10	10.5	152	1200.0	10.247	212.56	0.473
20	10.5	11	136	1329.3	10.736	162.48	0.456
21	11	11.5	127	1353.8	11.264	250.82	0.402
22	11.5	12	113	1384.8	11.747	258.93	0.362
23	12	12.5	76	1366.1	12.245	283.88	0.316
24	12.5	13	67	1364.9	12.719	312.64	0.281
25	13	13.5	32	1501.4	13.227	72.43	0.275
26	13.5	14	25	1515.6	13.730	7.80	0.248
27	14	14.5	25	1498.6	14.183	97.54	0.223
28	14.5	15	15	1521.5	14.767	7.20	0.200
29	15	15.5	15	1522.3	15.233	7.16	0.183
30	15.5	16	7	1526.5	15.750	6.64	0.166
31	16	16.5	11	1530.1	16.217	3.09	0.152
32	16.5	17	4	1524.1	16.622	5.09	0.141
33	17	17.5	4	1531.4	17.233	1.52	0.127
34	17.5	18	5	1525.6	17.870	6.80	0.113
35	18	18.5	4	1512.4	18.130	5.64	0.108
36	18.5	19	5	1347.3	18.615	244.71	0.089

风电机组的功率系数体现的是捕获风能的能力大小，从特定角度分析风电机组的运行状态乃至机组的设计水平。被测风电机组功率系数曲线如图 3.9 所示。

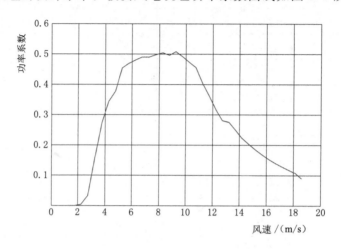

图 3.9　被测风电机组功率系数曲线

3.3.4　最小二乘法建模

最小二乘法曲线拟合的基本思想是拟合一条曲线使该曲线上的拟合点与实测数据点之间偏差的平方和最小，即得到最小二乘法拟合曲线。

3.3.4.1　最小二乘法的基本原理

对于给定的一组数据 $\{(x_i, y_i)(i=1,2,\cdots,m)\}$，若拟合曲线模型为 $y=f(x)$，则第 i 误差距离为 $f(x_i)-y_i$，所有点的平方和就是 $\sum_{i=1}^{m}\left[f(x_i)-y_i\right]^2$，进而求出 $\sum_{i=1}^{m}\left[f(x_i)-y_i\right]^2$ 的最小值对应的参数，从而得到拟合曲线 $y=f(x)$。

3.3.4.2　最小二乘法的带参数 Logistic 模型

根据功率曲线的形状可将其看作具有缓慢、迅急、缓慢趋于饱和、饱和四个阶段的增长过程，具有明显的 S 形曲线特征。因此，用非线性回归模型对功率曲线进行拟合预测是一个非常有效的统计方法。非线性回归 Logistic 方程是以最小二乘法为基本思想的带参数模型。

在实际工程建模中还可以对各类 S 形曲线模型的期望函数进行适当的参数变换，从而产生各类 S 形曲线重新参数化后的不同函数表达式。重新参数化后的 S 形函数不仅保留了 S 形特征，而且在某些情况下降低了非线性的强度，在提高模型的拟合能力和拟合效果上起到重要作用。以 Logistic 曲线为例，三种参数变换方式如下：

在 Logistic 曲线 $y_l = \dfrac{a}{1+b\mathrm{e}^{-cx}}$ 中，若设 $a=\dfrac{1}{a_1}$，$b=\dfrac{b_1}{a_1}$，$c=c_1$，则

$$y_l = \frac{1}{a_1 + b_1 \mathrm{e}^{-c_1 x}}$$

若设 $a=\dfrac{1}{a_2}$，$b=\dfrac{b_2}{a_2}$，$c=-\ln c_2$，则

$$y_l = \frac{1}{a_2 + b_1 c_2^{x}}$$

若设 $a=a_3$，$b=a_3-b_3$，$c=c_3$，则

$$y_l = y_v = \frac{a_3}{1+\left(\dfrac{a_3}{b_3}-1\right)\mathrm{e}^{-c_3 x}}$$

根据 Logistic 曲线的函数表达式可以求导计算，得出其拐点 (x_0, y_0) 和饱和值。

对 $y_l = \dfrac{a}{1+b\mathrm{e}^{-cx}}$ 求一阶导数和二阶导数可以得到拐点 $(x_0, y_0) = \left(\dfrac{\ln b}{c}, \dfrac{a}{2}\right)$，饱和值 $\lim\limits_{x\to\infty} y_l = a$。

以倒指数函数和 Logistic 曲线函数为参考，可以得到一个含有 4 个参数的新 Logistic 曲线函数，并计算拐点 (x_0, y_0) 和饱和值。

对 $y = a\dfrac{1+b\mathrm{e}^{-\frac{z}{d}}}{1+c\mathrm{e}^{-\frac{z}{d}}}$ 求一阶导数和二阶导数可以得到拐点 $(x_0, y_0) = \left(d\ln c, \dfrac{a(b+c)}{2c}\right)$，饱和值 $\lim\limits_{x\to\infty} y = a$。

由离散型风电机组自测功率曲线可以看出，功率曲线模型与四参数的 Logistic 方程相似。一个带参数的模型代表了一个拥有很多参数的函数族。现对风电机组功率曲线进行启发式近似，即

$$\hat{y}(i) = f(x_i, \theta) = \alpha \frac{1+m\mathrm{e}^{-x_i/\tau}}{1+n\mathrm{e}^{-x_i/\tau}} \tag{3.16}$$

式中　x_i——机舱顶部测得的风速；

$\quad\ \hat{y}(i)$——风电机组产生的功率；

$\quad\ \theta$——(α, m, n, τ) 启发式方程的一个矢量参数，决定启发式方程对应的曲线形状，θ 的求解是非线性参数估计问题。

$$g(\theta) = \sum_{i=1}^{n} \left[\hat{y}(i) - f(x_i, \theta)\right]^2 \tag{3.17}$$

$$\hat{\theta} = \underset{a,m,n,\tau}{\arg\,\min} g(\theta) \tag{3.18}$$

其中 4 个参数是需要求解的。可通过式（3.18）求解偏差平方和表示，也可以采用 Matlab 或通过进化策略求解参数。

3.3.4.3　应用 Matlab 程序求参数

最优化工具箱里的非线性拟合函数 lsqcurvefit 是用来非线性拟合的。其语法为

$$x = lsqcurvefit(fun, x0, xdata, ydata)$$

式中　　　fun——目标函数；

　　　　　x0——初值；

xdata、ydata——数据向量。

首先需要建立 M-file 文件，在 M-file 文件编辑窗口中定义函数。然后在命令窗口输入试验数据 xdata、ydata 或由 excel 工作表导入数据，并给出初始值 x0，执行 lsqcurvefit 函数命令，单击"回车"键后，即可得出 4 个参数的拟合结果。还可运用 Matlab 软件绘制出风速与输出功率实测数据的散点图和拟合曲线。

3.3.4.4　采用进化策略求参数

1. 确定问题的表达方式

选用二元表达方式，即

$$(\theta, \sigma) = ((a, m, n, \tau), (\sigma_a, \sigma_m, \sigma_n, \sigma_\tau)) \tag{3.19}$$

则个体由式（3.19）中的 4 个参数组成的目标变量 $\theta - (a, m, n, \tau)$ 和标准差 $\sigma - (\sigma_a, \sigma_m, \sigma_n, \sigma_\tau)$ 两部分组成，每个部分又含有 4 个分量。

θ 和 σ 之间的关系为

$$\begin{cases} \sigma_i' = \sigma_i \cdot \exp(\tau' \cdot N(0,1) + \tau \cdot N_i(0,1)) \\ \theta_i' = \theta_i + \sigma_i' \cdot N_i(0,1) \end{cases} \tag{3.20}$$

式中　(θ_i, σ_i)——父代个体的第 i 个分量；

　(θ_i', σ_i')——子代个体的第 i 个分量；

　$N(0, 1)$——服从标准正态分布的随机数；

　$N_i(0, 1)$——针对第 i 个分量重新产生一次符合标准正态分布的随机数；

　　　τ'——全局系数，取为 1；

　　　τ——局部系统，取为 1。

2. 生成初始群体

初始群体由 $\mu = 15$ 个个体组成，每个 (θ, σ) 个体内包含 $n = 4$ 个分量。初始个

体随机生成，从初始点 $(\theta(0),\sigma(0))$ 出发，通过多次突变产生 $\mu=15$ 个初始个体，该初始点是从可行域中随机选取的，取为 $\theta(0)=(1500,20,1100,1)$，$\sigma(0)=(3,3,3,3)$。

3. 重组

采用中值重组方法，即先选择两个父代个体

$$\begin{cases}(\theta^1,\sigma^1)=((a_1,m_1,n_1,\tau_1),(\sigma_a^1,\sigma_m^1,\sigma_n^1,\sigma_\tau^1))\\(\theta^2,\sigma^2)=((a_2,m_2,n_2,\tau_2),(\sigma_a^2,\sigma_m^2,\sigma_n^2,\sigma_\tau^2))\end{cases} \tag{3.21}$$

子代新个体的分量由父代个体对应分量的平均值构成，新个体的形成为

$$(\theta,\sigma)=((a_1+a_2)/2,\cdots,(\tau_1+\tau_2)/2),((\sigma_a^1+\sigma_a^2)/2,\cdots,(\sigma_\tau^1+\sigma_\tau^2)/2)) \tag{3.22}$$

4. 突变

进化策略的突变算子是：旧个体加上 1 个随机量，从而形成新个体。因为选用的是二元表达方式，突变过程的计算公式与式（3.20）相同，但个别变量意义有所不同。

其中　(θ_i,σ_i) 为父代个体的第 i 个分量，分别为 (a,σ_a)，(m,σ_m)，(n,σ_n) 或 (τ,σ_τ)；

(θ_i',σ_i') 为子代个体的第 i 个分量，分别为 (a',σ_a')，(m',σ_m')，(n',σ_n') 或 (τ',σ_τ')。

5. 防止进化停止

进化策略在进行突变时要防止进化停止，即 $\sigma_i=0$ 的情况，所以要执行以下操作：如果 $\sigma_i'<\varepsilon_\sigma$，则将 σ_i' 的值设定为 ε_σ，本书中 $\varepsilon_\sigma=0.1$。

6. 计算新个体适应度

假设一个训练数据集包括 N 对数据点 (x_i,y_i)，y_i 指第 i 个数据点的功率值，x_i 指第 i 个数据点的风速值，它们都是风电机组处于正常运行状态下的数据，则它们描述了风电机组的功率特性。根据训练数据集（这里指根据网格法得到的风电机组正常运行状态下的风速—功率数据集）用最小二乘法来估计矢量参数 $\theta-(a,m,n,\tau)$，成本函数必须最小化。

$$S_{(x,y)}=\sum_{i=1}^N\left(a\,\frac{1+m\mathrm{e}^{-x/\tau}}{1+n\mathrm{e}^{-x/\tau}}-y_i\right)^2 \tag{3.23}$$

式中　$S_{(x,y)}$——成本函数。

则矢量参数 $\hat{\theta}$ 的估计值可以根据式（3.23）得出

$$\hat{\theta}=\underset{a,m,n,\tau}{\operatorname{argmin}}S_{(x,y)}(x(1),y(1),\cdots,x(N),y(N)\,|\,a,m,n,\tau) \tag{3.24}$$

根据式（3.24）计算出每个矢量参数下的成本函数值 $S(x，y)$。

7. 选择

选用 $(\mu，\lambda)$。$(\mu，\lambda)$ 选择是从 λ 个子代新个体中择优选出 μ 个个体组成下一代的父群体。

在 $(\mu，\lambda)$-ES 中，为了控制群体的多样性和选择的力度，比值 μ/λ 是一个重要参数，它对算法的收敛速度有很大影响。一方面，μ 不能太小，否则不能体现群体的作用；另一方面，μ 也不能过大，否则会影响收敛速度。λ 数值的大小与 μ 的作用类似，也要适当。某些研究表明，比值 μ/λ 宜取 1/7 左右。本书中 μ 取 15，λ 取 105。

8. 反复执行

经过多次的迭代进化，进化算法将逐渐收敛。规定迭代次数为 300 次。

9. 参数估计结果

基于风电机组正常运行状态下的运行数据，根据离散型风电机组功率曲线数据通过进化算法得到的参数为：$a=1578.47$，$m=-0.17$，$n=422.83$，$\tau=1.45$。图 3.10 所示为应用离散型风电机组功率曲线拟合得到的连续型风电机组自测功率曲线。

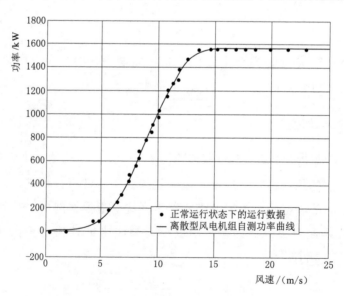

图 3.10　连续型风电机组自测功率曲线

根据风电机组自测数据建立的功率曲线称为风电机组自测功率曲线。与标准功率曲线相比它更能体现相应风电机组的功率特性。针对这种功率曲线，提出了一种更加系统、更加准确的风电机组自测功率曲线建模方法。传统的风电机组自测功率曲线的建模方法忽略了空气密度对功率特性的影响及数据处理方法的有效性等问题，而且缺乏适当的曲线拟合方法。本章运用标准化方法消除了空气密度对功率曲线的影响，从而得到参考状况下的功率特性数据集。

针对传统数据处理方法不能完全剔除异常数据的问题，运用基于改进 K-means 的数据清洗进行数据处理。这样能够有效排除影响功率曲线准确性的异常数据点，得到正常运行状态下的数据。

基于正常运行状态下的数据，运用 bin 法建立离散型风电机组功率曲线。应用最小二乘法得到两种连续型风电机组自测功率曲线：一种是应用正常运行状态下的运行数据拟合得到连续型风电机组自测功率曲线；另一种是应用离散型风电机组功率曲线拟合得到连续型风电机组自测功率曲线。以上是基于 SCADA 系统的完整数据进行建模。如果数据存在缺失，需要采取一定的方法对数据进行修补和外扩。

3.4 功率曲线的建立

由于 Logistic 非线性回归方程的求解准确度低，需要借助给定合适的参数初始值来提高。下面采用粒子群优化算法进行参数估计。

3.4.1 粒子群优化算法

粒子群优化算法（Particle Swarm Optimization，PSO）是一种基于群智能的全局随机搜索进化算法，是通过对鸟类觅食行为的模拟而形成的。此算法把每个问题的备选解看作是搜索空间中的一个粒子，由位置和速度两个描述量来代表，其中，位置代表问题的一个潜在最优解，速度对于飞行的方向和距离具有定义作用。此外，粒子的适应度值（fitness value）通常是由每个粒子位置计算而得的目标函数值来表示，是算法迭代寻优过程中衡量粒子质量优劣的唯一依据，其值和粒子的行为、种群的关系密切相关，即在每次迭代过程中，每个粒子根据自身找到的最优解和当前整个种群找到的最优解这两个最优值更新相应的位置和速度。因此种群中各个粒子的寻优过程不是独立的，而是以种群中个体之间的协同合作与信息共享来完成最优解的搜索。

粒子群优化算法由于其算法简单、易于实现、无需梯度信息、参数少等优点在连续优化问题和离散优化问题中都表现出良好的效果，特别是其天然的实属编码特点适合处理实优化问题，近年来成为国际上智能优化领域研究的热门。在算法的理论研究方面，有部分研究者对算法的收敛性进行了分析，更多的研究者则致力于研究算法的结构和性能改善，包括参数分析、拓扑结构、粒子多样性保持、算法融合和性能比较等。粒子群优化算法最早应用于非线性连续函数的优化和神经元网络的训练，后来也被用于解决约束优化问题、多目标优化问题、动态优化问题等。在数据分类、数据聚类、模式识别、生物系统建模、流程规划、信号处理、机器人控制、决策支持以及仿真和系统辨识等方面都表现出良好的应用前景。

3.4.2　功率曲线外推

由于普通风电机组功率特性测试周期一般在 3～6 个月之间，无法完整、准确地记录风电机组在全年的功率特性数据。而且在测试期间由于传感器、测试系统等设备会出现不可避免的故障，均会导致测试数据的不完整性，同时也会导致个别风速下的数据无法达到标准要求的数据量，使出具的测试报告不完整。因此，需要在测试周期内所得到的有效数据的基础上对风电机组的功率特性进行外推预测，即功率曲线的外推。

测试数据的不完整现象主要发生在风电机组额定风速之后到切出风速之间的数据。由于在测试周期达到较大风速的概率较低，测试数据经过处理之后也会将额定风速之后的数据大大缩减，这些会直接导致此段测试数据无法达到标准要求。因此，功率曲线外推将着重在风电机组额定风速范围内进行。

3.4.3　粒子群优化算法的基本原理

粒子群优化算法的数学描述为：假设在一个 H 维的搜索空间中，由 M 个粒子构成一个种群，其中第 i 个粒子空间位置表示为 $A_i = (a_{i1}, a_{i2}, \cdots, a_{iH})^{\mathrm{T}}, i = 1, 2, \cdots, M$，飞行速度表示为 $B_i = (b_{i1}, b_{i2}, \cdots, b_{iH})^{\mathrm{T}}$。粒子 i 的个体最佳位置表示为 $P_i = (p_{i1}, p_{i2}, \cdots, p_{iH})^{\mathrm{T}}$，全局最佳位置表示为 $P_g = (p_{g1}, p_{g2}, \cdots, p_{gH})^{\mathrm{T}}$。在每一次迭代过程中，粒子通过个体最佳位置和全局最佳位置动态调整自身的速度和位置。粒子 i 更新自身的速度和位置的迭代公式为

$$B_{ih}^{(t+1)} = u(t) \cdot B_{ih}^{(t)} + z_1 r_1 (P_{ih}^{(t)} - A_{ih}^{(t)}) + z_2 r_2 (P_{gh}^{(t)} - A_{gh}^{(t)}), 1 \leqslant h \leqslant H \quad (3.25)$$

$$A_{ih}^{(t+1)} = A_{ih}^{(t)} + B_{ih}^{(t+1)} \quad (3.26)$$

$$u(t) = u_{\max} - \frac{(u_{\max} - u_{\min})t}{t_{\max}} \quad (3.27)$$

式中　h——H 维搜索空间中的第 h 个变量；

$u(t)$——惯性权重，其引入使粒子群优化算法具有调节算法局部与全局优化搜索的能力，通常采用线性惯性权；

t——当前迭代次数；

t_{max}——最大迭代次数；

z_1，z_2——非负常数的学习因子，一般地，$z_1=z_2$ 并在 $[0，4]$ 之间取值，通常取 $z_1=z_2=2$；

r_1，r_2——分布于 $[0，1]$ 的随机数。

3.4.4 粒子群优化算法的流程

采用粒子群优化算法对 Logistic 方程进行参数估计的基本步骤如下：

（1）设置种群规模 M，惯性权重 $u(t)$，学习因子 z_1，z_2，参数估计矢量 θ 的大概地论域范围等初始参数，并设定迭代次数 $t=1$。

（2）产生初始种群，即在一定范围内随机生成 M 个初始个体及相应的初始速度。

（3）计算各粒子的适应值 g，具体计算公式见式（3.17）。

（4）将每个粒子的当前适应值 g 与其自身的个体最佳位置 P_i 和群体的全局最佳位置 P_g 进行比较，若某个粒子的 $g>P_i$，则设置 $P_i=g$；若还满足 $g>P_g$，则重设 $P_g=g$。

（5）更新每个粒子的速度与当前位置，并限制在一定范围内。此过程以式（3.25）和式（3.26）为依据进行。

（6）迭代次数开始变化 $t=t+1$，返回到步骤（3），直到获得一个满足要求的适应值或 t 达到设定的最大迭代次数 t_{max}。

粒子群优化的算法流程如图 3.11 所示。

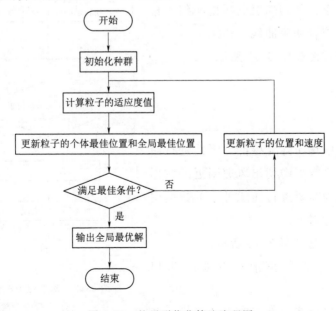

图 3.11 粒子群优化算法流程图

3.4.5　基于粒子群优化算法实现功率曲线外推

以现有的有效数据为基础，利用粒子群优化算法扩大数据量，以达到数据量要求。现在利用连续及离散粒子群优化算法结合的方法对粒子进行优化；连续粒子群优化算法用来更新粒子的速度和坐标位置；二进制粒子群优化算法用来判断粒子是否达到随机最优解。这样，利用粒子群优化算法获得的粒子位置既不会过于接近现有有效数据，造成数据的冗余，也不会使数据过于偏离真实值，产生无效数据。

具体实现步骤如下：

（1）以每个 bin 为单位，初始化随机粒子，包括速度以及位置。粒子的速度及位置包含两种，即粒子在标准粒子群算法中的移动速度、坐标位置，粒子在二进制粒子群优化算法中的移动速度、位置。

（2）以每个 bin 中现有的数据为最优解，利用粒子群优化算法对粒子进行迭代，得到连续、离散粒子群优化算法两组 $pbest_i^d(t)$ 和 $gbest_i^d(t)$。

（3）更新粒子的速度以及位置。

（4）当 $X_i^d(t+1)=1$ 时，停止迭代，表明粒子达到最优解，否则，粒子继续迭代，返回步骤（2）。

（5）迭代结束，得到随机的风电机组外推数据，根据数据拟合功率曲线。

具体实现流程图如图 3.12 所示。

3.4.6　案例

数据取自风电场实际完整的、无需进行曲线外推的数据，将数据中切出风速附近的数据删除，使数据成为需要进行曲线外推的数据用以与完整数据进行对比。

完整数据散点图如图 3.13 所示。

经过删除之后的数据散点图如图 3.14 所示。

利用粒子群优化算法进行散点的寻优，最

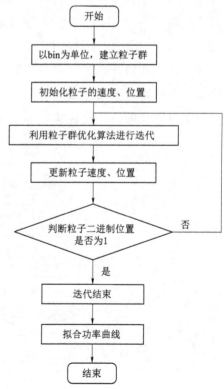

图 3.12　基于粒子群优化算法的
功率曲线外推流程图

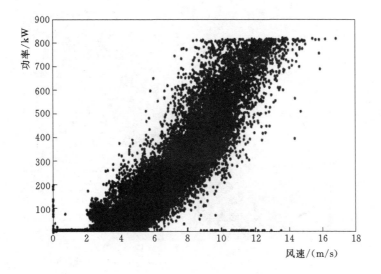

图 3.13 完整数据散点图

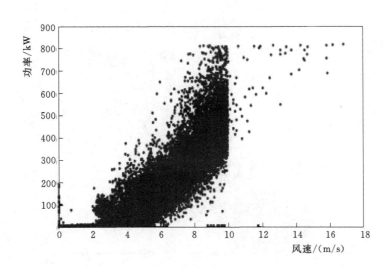

图 3.14 经过删除之后的数据散点图

终得到的散点图如图 3.15 所示。

将利用粒子群优化算法外推得到的散点图与原始数据进行对比，得到如图 3.16 所示结果。

通过案例分析发现，经过粒子群优化算法得到的完整数据与实测完整数据基本吻合，并且粒子群优化算法计算得到的散点没有完全被原始数据遮盖，说明利用粒子群优化算法外推所得到的数据量比实测数据的数据量大，这样可以大大降低功率特性测试的测试周期。

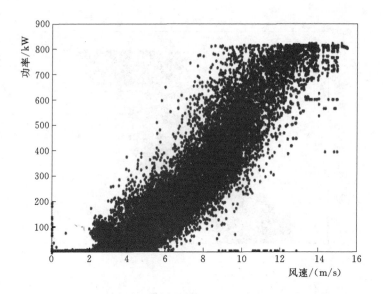

图 3.15　经过粒子群优化之后的外推散点图

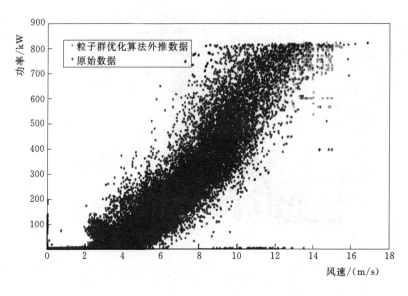

图 3.16　对比散点图

3.5　状态监测与评估

风电机组状态监测技术是采用多种方法和手段对风电机组的重要部件进行在线监测和分析、评估其运行状态，尽早发现故障征兆，避免和减轻严重的设备损坏，确定合理的维护时间和方案，从而达到大幅降低维护成本的目的。功率曲线是风电机组的设计依据，也是考核风电机组性能、评估风电机组发电能力的一项重要指标。

3.5.1 控制图法

控制图法是一种动态分析法，是 1924 年美国贝尔研究所的休哈特博士首先提出的。采用这种方法，可根据数据随时间的变化随时了解生产过程中工程质量的变化情况，判断生产过程是否稳定，从而实现对工序质量的动态控制，及时发现问题，并采取措施，使生产处于稳定状态。通过计算预处理后的风电机组数据，结合功率曲线模型计算得到一个监测上限值和监测下限值，再对运行数据进行比对，以实现状态监测功能。

1. 工程质量波动的原因

工程质量总是有波动性的。造成这种波动的因素很多，通常根据对工程质量的影响程度分为偶然性因素和系统性因素两类。

（1）偶然性因素，又称随机性因素。如材料材质在许可范围内的不均匀现象、周围环境微小变化等，都会对工程质量产生一定影响，使工程质量产生微小波动。这种工程质量波动属于正常波动。这些因素的产生具有随机性，不易识别和消除，而且由于对工程质量影响程度微小，消除它从经济角度来说也不合理，所以对于这种因素通常不加控制，即认为生产过程稳定。工程质量只有偶然性因素影响时，生产处于稳定状态，数据通常也符合正态分布的规律。

（2）系统性因素。系统性因素可控制、易消除，一般不会经常发生，但是其对工程质量的影响很大，比如工人施工方法操作不当等，这种工程质量波动属于异常波动，一经消除，其影响将消失。

因此质量控制的目的是找出系统性因素并排除，使生产过程只受偶然性因素的影响，保证生产稳定进行。

2. 控制图的性质与原理

控制图的形式为：纵坐标表示质量相关的特征值，横坐标表示样本序号或取样时间。控制图主要由三条线组成，中间的线为中心线，是数据的均值，用 CL 表示，上下两条线为控制上限 UCL 和控制下限 LCL。中心线与上、下控制界限的距离为 3σ，如图 3.17 为控制图的形式。

控制界限的理论基础是正态分布。生产若处于稳定状态，那么与正态分布相联系，就是工程质量数据在 $\mu \pm 3\sigma$ 范围内。按照正态分布的性质可知其出现的概率是

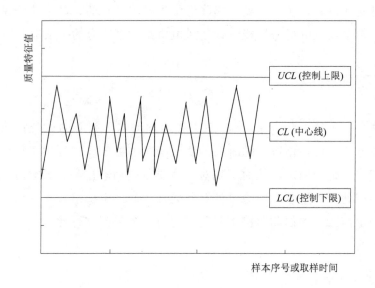

图 3.17　控制图的形式

99.73%。采用 $\mu\pm3\sigma$ 作为控制界限，即可判断生产的稳定性。

　　控制界限限定在 $\mu\pm3\sigma$ 范围内，而不是 $\mu\pm4\sigma$ 范围内或者 $\mu\pm2\sigma$ 范围内的原因为：从数理统计的观点看，抽样检验必然存在着两类风险。一种风险是将合格判为不合格，称为第一类判断错误。这种合格被拒收的概率，记为 α，称为供方风险或生产方风险。另一种风险是将不合格判为合格，称为第二类判断错误。这种不合格被误收的概率，记为 β，称为用户方风险。抽样检验中，两类风险一般的控制范围是 $\alpha=1\%\sim5\%$，$\beta=5\%\sim10\%$。若将控制界限扩大为 $\mu\pm4\sigma$，第一类判断错误的概率会由 $\alpha=0.27\%$ 降至 $\alpha=0.006\%$，β 将增大；反之，将控制界限由 $\mu\pm3\sigma$ 改为 $\mu\pm2\sigma$，将使 α 增大，β 减小。综合考虑两类判断错误造成的损失，最小值在 3σ 附近，因此控制界限定为 $\mu\pm3\sigma$。

3.5.2　控制图异常模式分析

　　根据正态分布理论，当控制图中存在数据点超出控制界限或数据点在控制界限内不随机排列时，就可判断加工过程处于异常状态。由于在控制图中数据点的分布方式是多种多样的，以最大限度地提高异常监测的准确率为目的，可以将控制图中数据点的分布情况按一定的条件进行细化、归类，并定义成一定数量的异常模式，形成异常模式集。常用的异常模式集可分成 6 类（图 3.18）共 9 种，即出界和屡靠边界、渐变（上升和下降）、阶跃（向上和向下）、链状、集结中心、周期模式。

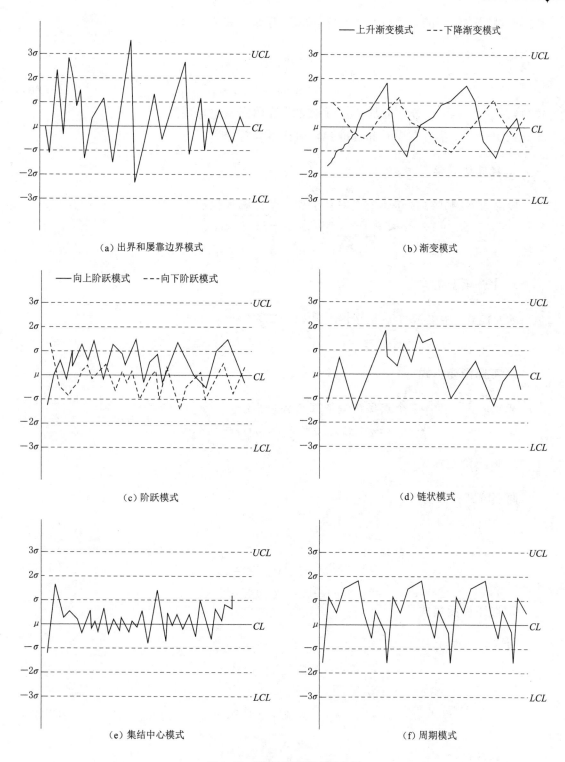

图 3.18 控制异常模式示意图

根据控制图的判断准则，将 9 种异常模式进行如下数学表示：

1. 出界模式

$$|x_i - \mu| \geqslant 3\sigma, i = 1, 2, \cdots, n \tag{3.28}$$

式中 x_i——第 i 个样本的均值，可以在系统数据库中直接读取；

μ、σ——质量分布中心和标准差，由样本计算求出。

2. 屡靠边界模式

屡靠边界模式（接连 3 个点中有至少 2 个点临近控制限）为

$$\begin{cases} \mu - 3\sigma < x_i < \mu + 3\sigma, i = 1, 2, 3 \\ 2\sigma < |x_j - \mu| < 3\sigma, j = 1, 2 \end{cases} \tag{3.29}$$

3. 上升渐变模式

渐变模式（接连 7 个点呈缓慢上升趋势）为

$$\mu - 3\sigma < x_i < x_{i+1} < \mu + 3\sigma, i = 1, 2, \cdots, 6 \tag{3.30}$$

4. 下降渐变模式

渐变模式（接连 7 个点呈缓慢下降趋势）为

$$\mu - 3\sigma < x_{i+1} < x_i < \mu + 3\sigma, i = 1, 2, \cdots, 6 \tag{3.31}$$

5. 向上阶跃模式

向上阶跃模式为

$$\frac{\dfrac{\sum\limits_{i=1}^{n} x_i}{n} - \mu}{\mu} > \beta, i = 1, 2, \cdots, n \tag{3.32}$$

6. 向下阶跃模式

向下阶跃模式为

$$\frac{\mu - \dfrac{\sum\limits_{i=1}^{n} x_i}{n}}{\mu} > \beta, i = 1, 2, \cdots, n \tag{3.33}$$

7. 链状模式

链状模式（接连 7 个点处于中心线一侧）为

$$\begin{cases} \mu-3\sigma<x_i<\mu+3\sigma \\ (x_i-\mu)(x_{i+1}-\mu)>0 \end{cases}, i=1,2,\cdots,7 \tag{3.34}$$

8. 集结中心模式

集结中心模式（接连 15 个点在中心线附近呈现集中状态）为

$$|x_i-\mu|<\sigma, i=1,2,\cdots,15 \tag{3.35}$$

9. 周期模式

周期模式（k 为周期，ε 为正整数）为

$$|x_i-x_{i+k}|<\varepsilon, k=2,3,4,5 \tag{3.36}$$

当异常模式完成识别后，可形成异常模式矩阵 $\boldsymbol{M}=[M_1,M_2,\cdots,M_9]$，则

$$M_i=\begin{cases} 1,\text{第 } i \text{ 个异常模式出现} \\ 0,\text{第 } i \text{ 个异常模式未出现} \end{cases}, i=1,2,\cdots,9 \tag{3.37}$$

式中　M_i——第 i 个异常模式出现的概率。

3.5.3　基于控制图的状态评估

风电机组的运行状态异常辨识一直是社会高度关注的风电稳定发展问题，属于风电生产过程中的主要质量安全风险。然而由于风电机组状态异常辨识技术处于相对滞后的状态，缺乏一些实时、高效的异常辨识技术，因此异常辨识技术成为了风电机组安全性运行研究领域的热点关注对象。质量控制图是一种依赖于历史数据的统计分析，从而实现动态预测的方法。可图像化呈现统计分析的数据随时间的变化情况，便于工作人员随时掌握风电机组运行过程的状态是否稳定，实现对风电机组动态的质量控制，也为及时发现问题，采取有效处理措施，提供了一个具有可操作性、可行性的理论脉络。

基于残差控制图法的状态评估，主要步骤是用功率曲线模型得到的预测值与风电机组实际输出功率求残差，根据监测上、下限值，通过对实时运行数据进行比对，以实现状态监测功能。在实际状态异常辨识的过程中，若残差数值介于控制上限和控制下限之间就可以将风电机组运行状态判定为正常，反之则判定为异常。风电机组状态监测时连续型风电机组自测功率曲线的 Logistic 数学模型为

$$y=1578.47\frac{1-0.17\mathrm{e}^{-x/1.45}}{1+422.83\mathrm{e}^{-x/1.45}} \tag{3.38}$$

式中　x——运行数据中的观测风速值；

　　　y——基于连续型风电机组自测功率曲线计算得的理论功率。

应用风电机组正常运行状态下的运行数据建立控制图。要计算上限值和下限值，

首先计算训练数据的平均残差 μ_{train} 和标准偏差 σ_{train}

$$\mu_{\text{train}} = \frac{1}{N_{\text{train}}} \sum_{i=1}^{N_{\text{train}}} \left[\hat{y}(i) - y(i) \right] \tag{3.39}$$

$$\sigma_{\text{train}} = \sqrt{\frac{1}{N_{\text{train}} - 1} \sum_{i=1}^{N_{\text{train}}} \left\{ \left[\hat{y}(i) - y(i) \right] - \mu_{\text{train}} \right\}^2} \tag{3.40}$$

式中　N_{train}——建立控制图所用正常运行状态下的运行数据点的个数；

　　　$\hat{y}(i)$——基于连续型风电机组自测功率曲线计算得的第 i 个功率特性点的理论功率；

　　　$y(i)$——运行数据中的第 i 个功率特性点的观测功率。

　　将运行数据按照时间进行排序。各测试集的平均残差 μ_{test} 和标准偏差 σ_{test} 为

$$\mu_{\text{test}} = \frac{1}{N_{\text{test}}} \sum_{i=1}^{N_{\text{test}}} \left[\hat{y}'(i) - y'(i) \right] \tag{3.41}$$

$$\sigma_{\text{test}} = \sqrt{\frac{1}{N_{\text{test}} - 1} \sum_{i=1}^{N_{\text{test}}} \left\{ \left[\hat{y}'(i) - y'(i) \right] - \mu_{\text{test}} \right\}^2} \tag{3.42}$$

式中　N_{test}——测试集的数据点数；

　　　$\hat{y}'(i)$——基于连续型风电机组自测功率曲线计算得的第 i 个功率特性点的理论功率；

　　　$y'(i)$——运行数据中的第 i 个功率特性点的观测功率。

　　μ_{train} 和 σ_{train} 通过训练数据计算得到，可得风电机组状态监测控制图的控制限为

$$UCL_1 = \mu_{\text{train}} + \eta \frac{\sigma_{\text{train}}}{\sqrt{N_{\text{test}}}}$$

$$CenterLine LCL_1 = \mu_{\text{train}} \tag{3.43}$$

$$LCL_1 = \mu_{\text{train}} - \eta \frac{\sigma_{\text{train}}}{\sqrt{N_{\text{test}}}}$$

式中　η——控制限的整数倍数，一般固定为 3。

3.5.4　案例

　　以东北地区某风电场特定机型的 4 号风电机组实测运行数据中的风速和输出功率绘制数据关系散点图如图 3.19 所示。

　　由图 3.19 可见，显然存在异常数据（虚线标注）和较差数据（实线标注）。再采用 Spark 技术优化的 K-means 算法进行数据清洗，数据清洗前、后的风速和输出功率绘制数据关系散点对比图如图 3.20 所示。更直观地说明了数据剔除的必要性。

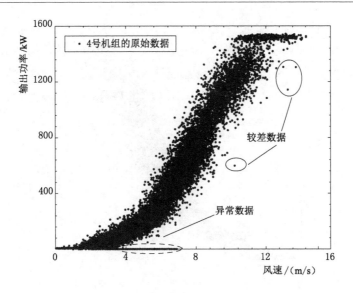

图 3.19 风速与输出功率散点图

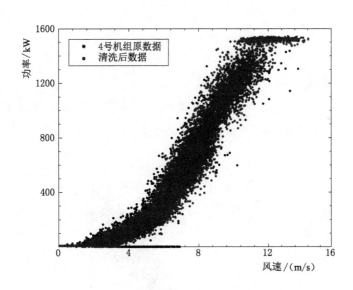

图 3.20 风速与功率数据清洗前、后的散点对比图

由图 3.20 可见，基于 Spark 技术优化的 K-means 算法的数据清洗方法能有效剔除偏离主集中趋势的数据，也降低了异常数据对数学建模合理性的影响。所以功率曲线的建模研究在清洗后的数据上进行，作为建模时的样本数据。如图 3.21 所示为根据 bin 法构建的功率曲线，即测量曲线。

由图 3.21 可见，在大量数据集中的区域，bin 法建立的测量功率曲线比较准确，但该方法得到的功率曲线是离散的，不具有连续性。基于 4 号机组 2016 年 3 月的样本数据，具有连续性的粒子群优化算法优化的 Logistic 数学模型为

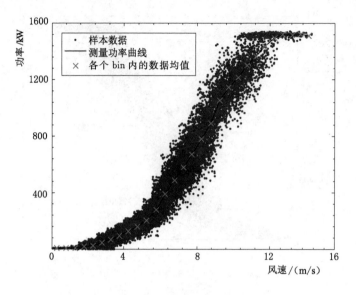

图 3.21　测量功率曲线

$$\hat{y}(i) = 1578.44 \frac{1 - e^{-x_i/1.14}}{1 + 422.75 e^{-x_i/1.14}} \qquad (3.44)$$

式中　x_i——运行数据中第 i 个风速值；

　　$\hat{y}(i)$——根据 Logistic 数学模型功率曲线计算而得的第 i 个理论风功率。

运用 Matlab 软件绘制 bin 法模型曲线（测量功率曲线）和 Logistic 数学模型功率曲线，如图 3.22 所示。

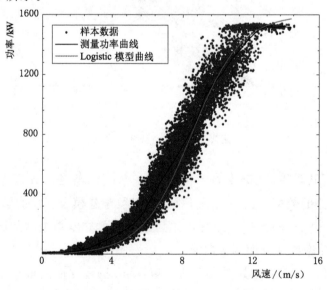

图 3.22　风电机组两种拟合功率曲线

运用控制图法对 Logistic 数学模型计算得到的理论功率与测量功率的偏差进行统计分析,实现风电机组的状态监测。基于训练数据已经得到了控制限,选取 1500 个运行数据组进行功率曲线异常辨识的测试,如果测试数据求得的样本残差 μ_{test} 高于 UCL 或低于 LCL,认为测试集中最新的数据点是异常的。图 3.23 为基于 Logistic 数学模型的残差控制图。某风电场风电机组故障记录见表 3.5。

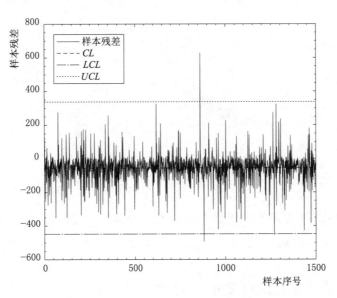

图 3.23　基于 Logistic 数学模型的残差控制图

表 3.5　　　　　　　　　　　　**某风电场风电机组故障记录表**

某风电场风电机组故障记录

时间段:2016.3.1 15:50—2016.4.1 23:50

数据条目:1500 条

项目	条目	项目	条目
机组故障	4 条	测试系统故障	6 条
系统异常	31 条	限电	104 条

通过观察图 3.23 与表 3.5 可以发现,当 μ_{test} 开始高于 UCL 时,同一时间点后风电机组发生故障或停机;当 μ_{test} 开始进入正常区域时,同一时间点风电机组开始正常运行。从图 3.23 中可以看到,自 850 点开始有超过阈值的现象出现,预示风电机组实际运行数据可能出现了异常;而到了样本序号为 850~900 和 1250~1300 处大多数值都已经超过阈值且有些远远超过,因此可以判断风电机组此时可能发生了故障。图 3.24 为使用质量控制图技术的监测结果。

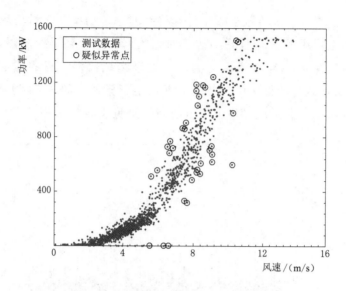

图 3.24　使用质量控制图技术的监测结果

　　从图 3.24 中，可以看到疑似异常点明显偏离主集中趋势，说明本功率曲线异常识别方法是有效的。但通过图 3.23、图 3.24 和表 3.5 可以看出，仍然存在误检以及漏检的情况。

　　下面将对 2 台风电机组（1 号和 2 号机组）的功率曲线进行对比分析，结果如图 3.25 所示。

　　如图 3.25 所示，Logistic 法建模的组内拟合偏差与组内样本标准差的差值是小于一倍组内样本标准差，所以此法建模是合理的、有效的。从监测图的结果来看，可能的异常或故障点一般发生在第二和第三阶段，很有可能是叶片损坏或冰载、偏航系统跟随性差，以及变桨系统响应延迟的问题。

　　基于功率曲线 Logistic 数学模型的风电机组异常识别方法是否可靠可以用异常数据的正确识别率进行判别。可由如图 3.26 中的集合 I （识别的异常数据）与集合 II （故障记录的异常数据，其中限电不在异常识别范围内）的相交关系进行直观反映。

　　设集合 I 的元素个数为 N_{error}，集合 II 的元素个数为 N_{fault}，集合 I∩II 的个数为 n_{true}，则误识率 $\bar{\lambda}$ 和识别率 $\bar{\eta}$ 可分别表示为

$$\bar{\lambda}=\left(1-\frac{n_{true}}{N_{error}}\right)\times100\% \tag{3.45}$$

$$\bar{\eta}=\frac{n_{true}}{N_{fault}}\times100\% \tag{3.46}$$

　　用基于功率曲线的异常识别方法对 4 号机组的 1500 组样本数据进行测试，则 $N_{error}=45$，$N_{fault}=41$，$n_{true}=38$，所以根据式（3.45）可计算出误识率约为 15.55%，

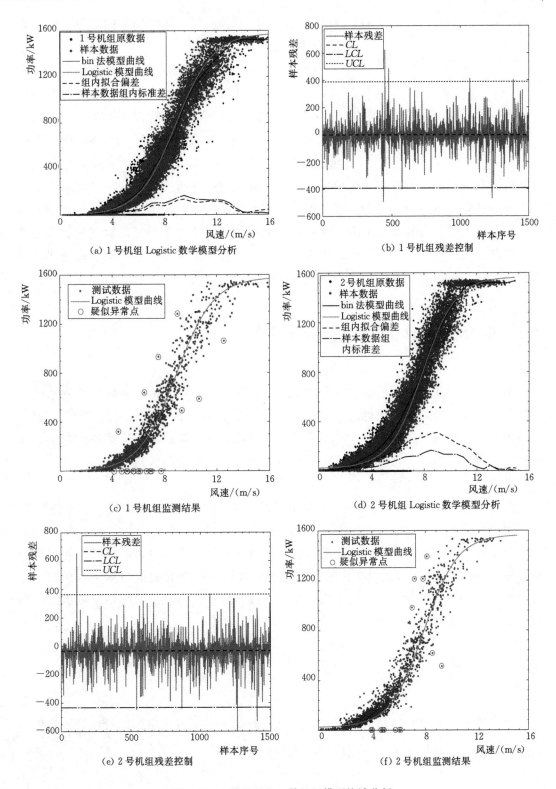

(a) 1 号机组 Logistic 数学模型分析

(b) 1 号机组残差控制

(c) 1 号机组监测结果

(d) 2 号机组 Logistic 数学模型分析

(e) 2 号机组残差控制

(f) 2 号机组监测结果

图 3.25 1 号机组和 2 号机组模型统计分析

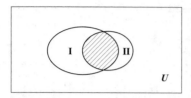

图 3.26　集合关系示意图

异常识别率约为 92.69%。从识别率的数值上看，该方法具有可靠性。

从基于 Logistic 数学模型的功率曲线的监测结果可以看出，有些数据点明显偏离主线走势，显示异常。基于此情况，可采用残差控制图法来进行状态异常辨别，即通过功率曲线得到的预测值与风电机组实际输出功率求残差，通过上、下阈值判断，并与实时运行数据进行对比，进行异常识别。也可以通过对历史数据的统计分析来推理风电机组残差数值的合理控制上限和下限，作为判断风电机组运行状态正常和异常的判据，实现在线动态预测。如果判断故障区域在额定风速之下，可以检查偏航系统和转矩控制系统是否有隐性故障；如果判断故障区域在额定风速之上，也就是变桨距控制作用区域，可以查看变桨距执行结构和控制逻辑算法是否有异常现象。

3.6　转矩增益性能优化运行评估

由于 SCADA 系统中采集数据量非常巨大，现有的 SCADA 系统缺少对数据进行分析及处理的功能，使得风电运营商往往无法更进一步掌握风电机组间的运行差异。本书提出了一种基于风电场 SCADA 运行数据的风电机组转矩控制性能评估方法。通过对风电机组数据的筛选拟合，绘制转矩控制曲线，与标准曲线进行比较，以此来评判风电机组控制性能的好坏。

国内外很多学者通过 SCADA 系统中的运行数据对风电机组的功率特性进行评估。刘昊根据 IEC 61400—12 标准中的 bin 法，对 SCADA 系统中风电机组的实测风速与功率数据进行处理，得到风电机组的实际功率曲线，并且对风电机组性能进行分析；Kelouwani S 利用神经网络构建非线性模型对风电机组的输出功率进行预测，并且根据 SCADA 系统中 10min 的平均风速对非线性模型进行验证，得到风电机组的预测功率与实际功率的误差为 1%。

3.6.1　理论分析

叶尖速比 λ 是风轮转速 ω 与风速 v 之比，即 $\lambda = \dfrac{\omega R}{v}$。风电机组运行在最佳叶尖速比时，存在一个最优转速 ω_{opt}。风电机组的最优功率为

$$P_{\mathrm{opt}} = \frac{1}{2} \rho C_{p\max} \pi R^2 \left(\frac{\omega_{\mathrm{opt}} R}{\lambda_{\mathrm{opt}}} \right)^3 \qquad (3.47)$$

实际上，风电机组输出功率的提高主要受两个条件的限制：一是受机械传动链系统转速极限的限制；二是受励磁变换器功率上限的限制。因此风电机组典型的运行状态为：确保恒为 $C_p = C_{p\max}$，控制风电机组转速达到最大值，此时实现最大风能的追踪；当风速一定时，可以调节风电机组转速使 C_p 达到最大值，进而使风电机组输出功率达到最大；风速过大导致输出功率达到最大时，可以控制风电机组桨距角使其在额定功率下。风电机组的转速—功率跟踪特性关系曲线如图 3.27 所示。

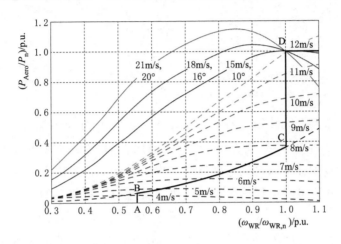

图 3.27　风电机组转速—功率跟踪特性关系曲线图

图中实线和虚线曲线代表恒速风电机组输出功率在不同风速下跟随发电机转速的变化情况。由图可以看出，恒速风电机组在不同的风速下只有一个工作点运行在 $C_{p\max}$ 上。图 3.28 中的 4 个特征点 A、B、C、D 表示在 4 个不同的风电机组转速、风速下风电机组输出的最大效率。当风电机组的转速小于 A 点的转速时，可以近似认为风电机组输出功率为 0；在 B、C 两点之间的曲线满足最大风能的追踪，也就是说沿着该条曲线运行风电机组的输出功率最佳；D 点处风电机组输出功率为额定功率。

通常转矩 T_g 与风电机组输出功率 P_w 间的关系为

$$T_g = \frac{P_w}{\omega} \tag{3.48}$$

式中　P_w——风电机组的输出功率，W；

ω——风轮转速，rad/s。

由前面的推导可知当风电机组运行在最佳叶尖速比 λ_{opt} 时，有

$$T_g = \frac{1}{2}\rho\pi R^5 \frac{C_{p\max}}{\lambda_{\text{opt}}^3}\omega_{\text{opt}}^2 \tag{3.49}$$

设最优发电机转速为 ω_{gopt}，齿轮箱变速比为 N（假设永磁风力发电机有齿轮箱且 $N=1$），发电机给定转矩为 T_r，则有 $\omega_{\text{opt}} = \dfrac{\omega_{\text{gopt}}}{N}$，$T_g = \dfrac{T_r}{N}$，式（3.49）为

$$T_r = \frac{1}{2} \frac{\rho \pi R^5 C_{p\max}}{\lambda_{\mathrm{opt}}^3 N^2} \omega_{\mathrm{gopt}}^2 \tag{3.50}$$

实际上，从风电场采集回来的数据中发电机转速单位通常为 r/min，转化为 ω 的单位 rad/s，则有

$$T_r = \frac{1}{1800} \frac{\rho \pi^3 R^5 C_{p\max}}{\lambda_{\mathrm{opt}}^3 N^2} \omega_{\mathrm{gopt}}^2 \tag{3.51}$$

令

$$K_{\mathrm{opt}} = \frac{1}{1800} \frac{\rho \pi^3 R^5 C_{p\max}}{\lambda_{\mathrm{opt}}^3 N^2} \tag{3.52}$$

则

$$T_r = K_{\mathrm{opt}} \omega_{\mathrm{gopt}}^2 \tag{3.53}$$

这里把 K_{opt} 称为最优转矩增益系数。由式（3.52）可知 K_{opt} 由空气密度 ρ、风轮半径 R、最大风能利用系数 $C_{p\max}$、最佳叶尖速比 λ_{opt} 以及齿轮箱传动比 N 共同决定。其中风电机组的参数可由风电机组制造商提供，因此 K_{opt} 为确定的数值。

根据实际风电机组的运行情况，风电机组转速与转矩关系如图 3.28 所示。

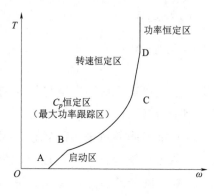

图 3.28　转速与转矩关系图

图 3.28 中 AB 段为风电机组启动区。BC 段为 C_p 恒定区，风速高于切入风速后转矩—转速控制中转矩给定值与转速反馈值通常是按照二次型函数关系给定的，通过调整发电机转矩与转速的比例，使风电机组运行在 $C_{p\max}$ 上，实现最大风功率捕获；CD 段是风轮转速恒定区，转矩爬升阶段；到达 D 点后转矩达到额定值；在 D 点风电机组保持恒功率运行。D 点以后，风速若继续增大，由于电力电子器件功率限制和旋转部件的机械强度限制，为保证风电机组安全运行，通过调节叶片桨距角使风电机组输出恒定功率。根据以上分析，可从 SCADA 系统数据库中抽取出风电机组转速与转矩的历史值，通过数据预处理，筛选出最大功率跟踪区的历史运行数据，再对提取的数据进行拟合，从而得到风电机组实际运行过程当中的转矩增益系数 K 值，再对同一型号不同机组的 K 值进行对比，以此作为风电机组控制性能的判据。

3.6.2　数据筛选与整理

根据 IEC61400 标准和式（3.51）计算评估某风电场内各台风电机组的最优转矩

增益系数 $K_{opt}=1367\mathrm{N}\cdot\mathrm{m}/(\mathrm{r/min})$。同步提取风电机组在 SCADA 系统中存储的功率、风速、风向、气压、发电机转速以及转矩等运行数据，并建立评估数据库。评估数据库内提取到的数据，采用间隔在 4s～10min 之内，连续测量时间不低于 168h，且应涵盖风电机组在启动区、C_p 恒定区、转速恒定区、功率恒定区所有 4 个运行区段的数据。从 SCADA 系统中直接提取的风电机组原始运行数据有的受到环境以及各种因素的影响，并不能正确反映被研究变量间的关系。根据 GB/T 18710—2002《风电场风能资源评估方法》并结合风电场的实际情况，对风电机组运行数据实施范围检验、趋势检验，然后进行数据剔除及修正，保证数据可以真实客观地反映风电机组的运行情况。数据剔除是剔除风电机组停机或是测试系统发生故障的数据，具体筛选数据类型及适用条件见表 3.6。

表 3.6 筛选数据类型及适用条件

主要参数	合理范围	主要参数	合理范围
平均风速	0≤小时平均风速<40m/s	1h 平均风速变化	<6m/s
风向	0°≤小时平均值<360°	1h 平均温度变化	<5℃
平均气压	94kPa≤小时平均值≤106kPa	3h 平均气压变化	<1kPa

根据评估数据库中采集到的数据，将其中的功率、风速、发电机转速、转矩等数据进行时间同步，频率为 10min。某风电场 SCADA 系统中的发电机转矩可由变流器转矩反馈值提取。而根据发电机转矩与输出功率、发电机转速间函数关系式也可计算发电机转矩。

$$T_{10\mathrm{min}}=\frac{9550P_{10\mathrm{min}}}{n_{10\mathrm{min}}} \tag{3.54}$$

式中 $P_{10\mathrm{min}}$——10min 平均发电机功率值；

$n_{10\mathrm{min}}$——与 $P_{10\mathrm{min}}$ 时间同步的 10min 平均发电机转速值；

$T_{10\mathrm{min}}$——与 $P_{10\mathrm{min}}$ 时间同步的 10min 平均发电机转矩值。

通过此步骤将各台风电机组的数据分类整合，得到有效数据以每周为一个更新频次永久保存于评估数据库中，以备随时调用。

由风电机组转矩控制策略分析得出，转矩控制主要工作区域为 C_p 恒定区即最大功率跟踪区，该风电场中的风电机组工作在最大功率跟踪区的发电机转速范围为 10.58～16.95r/min；转矩范围为 153.269～392.97kN·m。

3.6.3 数据拟合与分析

1. 建立数学模型

选取评估数据库中的发电机转速设为自变量 X，选取转矩值设为因变量 Y，作为拟合输入值。C_p 恒定区数据采用基于最小二乘法的非线性曲线拟合法，得到风电机组实际运行转矩增益系数 K 值。

根据发电机转矩与转速关系，即式（3.53），假设转矩与转速间的回归方程为

$$\widetilde{Y} = KX^2 \tag{3.55}$$

对于从评估数据库中采集的数据点 $(x_i, y_i), i = 1, 2, \cdots, n$，要求与拟合函数值偏差平方和最小，即求取的 K 值使式（3.55）最小，即

$$F(K) = \sum_{i=1}^{n}(y_i - Kx_i^2)^2 \tag{3.56}$$

故 K 应满足的条件为

$$\frac{\partial F}{\partial K} = -2\sum_{i=1}^{n}(y_i - Kx_i^2)x_i^2 = 0 \tag{3.57}$$

由式（3.57）可解出

$$K = \frac{n\sum_{i=1}^{n}x_i^2 y_i - \sum_{i=1}^{n}x_i^2 \sum_{i=1}^{n}y_i}{n\sum_{i=1}^{n}x_i^4 - \left(\sum_{i=1}^{n}x_i^2\right)^2} \tag{3.58}$$

2. 回归方程显著性检验

曲线拟合后可以通过曲线一致性校验方法——F 检验来考察对比拟合曲线与标准曲线精密度是否有显著性差异，以评估拟合曲线的优劣。

在一元线性最小二乘法回归分析中，可以用剩余标准差来描述直线的精密度，进一步对 Y_i 值做近似的区间估计。

假设标准曲线的剩余标准偏差为

$$S_1 = \sqrt{\frac{\sum_{i=1}^{n}(y_{1i} - \overline{y_{1i}})^2}{n-2}} \tag{3.59}$$

数据拟合曲线的剩余标准偏差为

$$S_2 = \sqrt{\frac{\sum_{i=1}^{n}(y_{2i} - \overline{y_{2i}})^2}{n-2}} \tag{3.60}$$

计算统计量为

$$F = \frac{S_{max}^2}{S_{min}^2} \qquad (3.61)$$

式中　S_{max}——S_1 和 S_2 中较大者；

　　　S_{min}——S_1 和 S_2 中较小者。

根据显著性水平 α，自由度 $f = f_1 + f_2$，其中 f_i 为自由度（$n-1$），通过查表 3.7 可得 $F_\alpha(f)$。

表 3.7　　　　　　　　　　相关系数显著性检验表

f	α				
	0.10	0.05	0.02	0.01	0.001
1	0.9877	0.9969	0.9995	0.9999	0.9999
2	0.9000	0.9500	0.9800	0.9900	0.9990
3	0.8054	0.8783	0.9343	0.9587	0.9912
4	0.7293	0.8114	0.8822	0.9172	0.9741
5	0.6694	0.7545	0.8329	0.8745	0.9507
6	0.6215	0.7067	0.7887	0.8343	0.9249
7	0.5822	0.6664	0.7498	0.7977	0.8982
8	0.5494	0.6319	0.7155	0.7646	0.8721
9	0.5214	0.6021	0.6851	0.7348	0.8471
10	0.4973	0.5760	0.6581	0.7079	0.8233
11	0.4762	0.5529	0.6339	0.6835	0.8010
12	0.4575	0.5324	0.6120	0.6614	0.7800
13	0.4409	0.5139	0.5923	0.6411	0.7603
14	0.4259	0.4973	0.5742	0.6226	0.7420
15	0.4124	0.4821	0.5577	0.6055	0.7246
16	0.4000	0.4683	0.5425	0.5897	0.7084
17	0.3887	0.4555	0.5285	0.5751	0.6932
18	0.3783	0.4438	0.5155	0.5614	0.6787
19	0.3687	0.4329	0.5034	0.5487	0.6652
20	0.3598	0.4227	0.4921	0.5368	0.6524
25	0.3233	0.3809	0.4451	0.4869	0.5974

f	α				
	0.10	0.05	0.02	0.01	0.001
30	0.2960	0.3494	0.4093	0.4487	0.5541
35	0.2746	0.3246	0.3810	0.4182	0.5189
40	0.2573	0.3044	0.3578	0.3932	0.4896
45	0.2428	0.2875	0.3384	0.3721	0.4648
50	0.2306	0.2732	0.3218	0.3541	0.4433
60	0.2108	0.2500	0.2948	0.3248	0.4078
70	0.1954	0.2319	0.2737	0.3017	0.3799
80	0.1829	0.2172	0.2565	0.2830	0.3568
90	0.1726	0.2050	0.2422	0.2673	0.3375
100	0.1638	0.1946	0.2301	0.2540	0.3211

通过比较 F 与 $F_\alpha(f)$ 的大小来判定 S_1 和 S_2 之间是否存在显著性差异。若 $F < F_\alpha(f)$，则说明 S_1 和 S_2 之间不存在明显差异。

3. 回归系数检验

$$S_{(x_1 x_1)} = \sum x_1^2 - \frac{1}{n} \sum x_1^2 \qquad (3.62)$$

$$S_{(x_2 x_2)} = \sum x_2^2 - \frac{1}{n} \sum x_2^2 \qquad (3.63)$$

计算统计量为

$$t_{计} = \frac{B - B_1}{S_1 \sqrt{\dfrac{1}{S_{(x_1 x_1)}} + \dfrac{1}{S_{(x_2 x_2)}}}} \qquad (3.64)$$

根据显著性水平 α，自由度 $f = f_1 + f_2$，通过查表可得 $t_\alpha(f)$。

$t_{计}$ 与 $t_\alpha(f)$ 进行比较，若 $t_{计} < t_\alpha(f)$ 则说明 K_{opt} 和 K 不存在明显差异，如存在显著性差异则进行下一步判断。

由于风电机组的安装环境与运行状态的关系，很容易导致风电机组的一些气动特性参数因为叶片与风电机组的老化、形变等因素而发生变化，这样就使得风电机组的最优转矩增益系数发生改变。如果风电机组无法按照最优转矩增益系数 K_{opt} 运行，则会使发电量减少，造成风电机组的运行效率降低。

3.6.4　仿真模拟

在完成数据拟合后，根据标准控制曲线划分节点，选取合理范围，通过前面所得参数 K 对 C_p 恒定区的曲线进行绘制并与标准转矩曲线进行比对，可直观反映出转矩控制性能的偏差。

使用 bladed 软件对 1.5MW 风电机组进行仿真模拟，如图 3.29 所示。仿真结果显示了不同的年平均风速下，风电机组发电量随转矩增益系数 K 的变化情况。

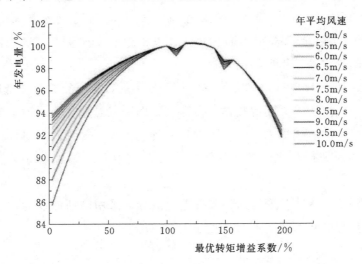

图 3.29　最优转矩增益系数与年发电量关系

从图 3.29 可以看出转矩增益系数为 100% 即为 K_{opt} 时，发电量能够达到最大值 100%，如果出现偏差则会因为风能利用的下降而损失发电量，通过仿真可得不同转矩增益系数偏差对发电量的具体影响情况，见表 3.8。

表 3.8　　　　　　　　　　　　　转矩增益系数偏差对发电量的影响

转矩增益系数偏差	对发电量的影响	转矩增益系数偏差	对发电量的影响
5%	1%	20%	3.8%
10%	2%	25%	4.4%
15%	2.5%	30%	5%

从表 3.8 可以看出，如果转矩增益系数的偏差大于 30%，则会造成风电机组发电量 5% 以上的损失，对于通常运行于低风速段的风电机组来说已经是很大的偏差。

控制性能对比可以通过将风电机组实际运行中计算得出的 K 值与由最开始计算

得出的风电机组设计最优转矩增益系数进行对比，即

$$\delta = \frac{K_{opt} - K}{K_{opt}} \tag{3.65}$$

得到风电机组转矩增益系数偏差度，以此作为风电机组控制性能的判据，对风电机组最大功率跟踪性能进行分析。

3.6.5　案例

某风电场安装 33 台 1.5MW 级永磁风电机组，总装机容量 49.5MW，占地 17km²。随着风电场生产规模的不断扩大，风电机组的安全生产、运维保障、生产管理等方面都面临着更高、更严格的要求。

本书在 MATLAB2016a 编译环境下，对采集到的数据进行拟合。选取任意 2 台风电机组，对其一天内所采集到的数据进行筛选、剔除以及修正，同时通过数据转换得到发电机转矩值，然后选取 C_p 恒定区内的转速与转矩进行拟合，画出其拟合曲线，并与标准拟合曲线进行对比；确定其转矩增益系数偏差，对风电机组控制性能进行分析。

使用 MATLAB 软件对采集到的数据进行拟合，采用高斯曲线的拟合对参数进行设定，得出的拟合曲线如图 3.30 和图 3.31 所示。

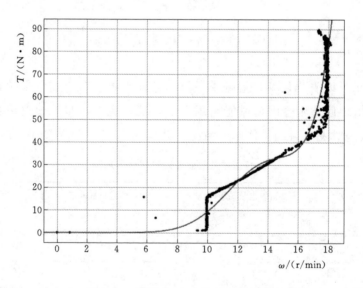

图 3.30　1 号风电机组转矩—转速曲线

如图 3.32 所示为选取的风电机组在同一天的转矩增益系数对比图，图中点横线为风电机组的最佳转矩增益值 K_{opt}。从图中可以看出大多数风电机组的转矩增益系数

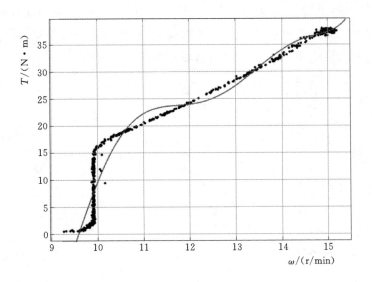

图 3.31 2号风电机组转矩—转速曲线

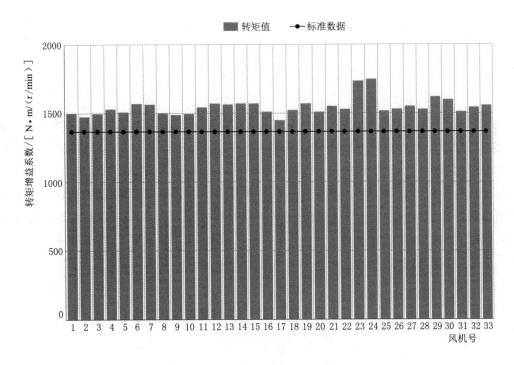

图 3.32 风电机组转矩增益系数对比图

曲线都在10％以上，30％以下。说明当天的风电机组运行状态不佳，比较明显的23号，24号风电机组的转矩增益系数分别为1729N·m/(r/min)和1745N·m/(r/min)，计算可知其增益系数偏差度接近30％。查询该风电机组当天的功率曲线（图

3.33)，风电机组转矩增益系数偏差度 $\delta = 0 \sim 10\%$ 的风电机组功率曲线图与厂家标准功率曲线图相似，而风电机组转矩增益系数偏差度 $\delta = 10\% \sim 30\%$ 的风电机组功率曲线图大致与厂家标准功率曲线图相似但偏离标准功率曲线图。

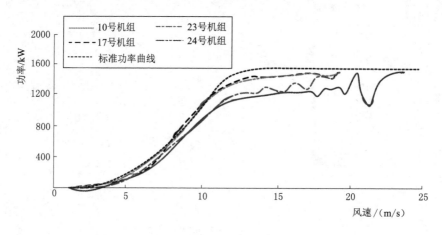

图 3.33　风电机组功率曲线

3.7　小结

本章介绍功率曲线的意义、作用以及影响功率曲线的因素，介绍风功率曲线的提取方法，根据标准要求对风电机组实测数据进行功率曲线提取，采用优化的 Logistic 方程对风电机组实测功率曲线建模，对风电机组的运行状态进行判断，为提高 Logistic 非线性曲线拟合精度，采用粒子群算法进行参数估计。对于实测数据建立的功率曲线，采用控制图法对风电机组的运行状态进行故障诊断，并通过转矩增益系数判断风电机组控制性能的好坏。

第4章

偏航系统状态评估与异常感知

　　偏航系统是风电机组运行控制的主要执行单元，也是保障风电机组高效、可靠运行的关键部件。由于自动控制系统稳定性、快速性及准确性要求的不同，偏航系统在运行过程中不可避免的会产生偏航误差。根据风电机组的运行特性，误差允许范围内的偏航误差对风电机组安全性及经济性不会造成影响，但是超出误差范围的偏航误差是不被允许的。偏航误差主要由风向标和偏航执行机构运行异常造成，这两部分成为偏航系统异常运行的监控重点。

　　主动偏航系统在自动对风过程中，由于隐性故障造成的风向标及偏航执行机构异常运行状态在风电机组的日常运行过程中往往不能被及时发现，不仅会对风电机组发电量造成影响，还会给风电机组安全运行埋下安全隐患。因此，偏航系统隐性故障及异常运行状态的感知对提升风电机组的发电量及安全性确有重要意义。

4.1　偏航参数的测量

　　自然界中的风是一种不稳定的资源，它的速度与方向是不确定的。风电机组运行过程中经常需要偏航对风，结构不同的风电机组偏航控制策略也不同。偏航过程中，风电机组控制系统根据风速及风向变化情况，按照最短的路径将机舱转过相应角度。由此可见，风速和风向是偏航控制过程中的主要测量参数。

1. 风速的测量

　　风速，即风的速度，定义为单位时间内风移动的距离。风速的测量可采用风杯风速传感器、旋转式风速传感器、声学风速传感器和热线风速传感器，风电机组中通常使用的是风杯风速传感器。

　　风杯风速传感器的主要优点是风速的测量与风向无关。风杯风速传感器一般由3

图 4.1　风杯风速传感器

个互成 120°固定在支架上的抛物锥空心杯壳组成感应部分，空杯的凹面都顺向一个方向，整个横臂架则固定在能旋转的垂直轴上，如图 4.1 所示。在风杯旋转轴上装有格雷码盘，盘上有一些等间距孔，孔上面有红外光源，正下方有光电半导体。在风力的作用下，风杯绕轴以正比于风速的转速旋转，光电半导体将机械位置信号转换成光电脉冲信号，从而输出七位格雷码信号。每一个脉冲信号表示一定的风的行程，通过微处理器记录每秒产生的光电脉冲的个数，快速运算处理后即可得出气流的运动速度。

在稳定风力的作用下，风杯在受到扭力矩的作用而开始旋转，风杯的转速与风速的比例关系为

$$N = \frac{1}{2}\rho A r a_m \tag{4.1}$$

$$D = 2\pi r^2 \rho A b_m \tag{4.2}$$

$$n = \frac{2Nv^2 - B_0}{B_1 + Dv} \approx \frac{2Nv}{D} \tag{4.3}$$

式中　　N——扭力矩；

D——空气动力阻尼；

n——风杯每秒的转速；

v——风速；

ρ——空气密度；

A——风杯的横截面积；

r——杯架的旋转半径；

a_m、b_m——风杯的压力系数和阻力系数，是由风杯本身所决定的常数；

B_1、B_0——风杯风速传感器运转时的动摩擦力矩和静摩擦力矩。

2. 风向的测量

自然风作为矢量，既有大小又有方向。气象上把风吹来的方向确定为风的方向，风向信号作为偏航系统中最关键的输入信号，对风向的准确测量将影响整个偏航系统的性能。

目前国内外风况测量传感器可以分为：①螺旋桨式风向风速传感器，这种传感器

精度较差，动态性能一般；②三杯式风速传感器配合单翼式风向传感器；③超声波风向风速传感器，应用不成熟且价格昂贵。考虑到成本、使用寿命等各方面因素，目前风电机组上风向测量主要用风向标来实现。风向标一般是由指向杆、尾翼、平衡锤、旋转主轴以及底座等部分组成的首尾不对称的平衡装置，其重心在支撑轴的轴心上，整个风向标可以绕垂直轴自由灵活地摆动，如图 4.2 所示。一般地，风向标变换器与风速传感器

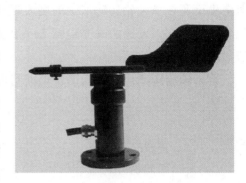

图 4.2 风向标

类似，也采用码盘和光电组件。当风向标随风向变化而转动时，对空气流动产生较大阻力的一端便会顺风转动，轴带动码盘在光电组件缝隙中转动，产生的光电信号对应当时风向的格雷码输出，从而在电位器活动端产生变化的电压信号输出显示风向。

风向箭头指在哪个方向，就表示当时刮什么方向的风。风向一般用 16 个方位表示，即东（E）、北东北（NNE），东北（NE）、东东北（ENE）、南（S）、东东南（ESE）、东南（SE）、南东南（SSE）、西（W）、南西南（SSW）、西南（SW）、西西南（WSW）、北（N）、西西北（WNW）、西北（NW）、北西北（NNW）。

风向也可以用角度来表示，把圆周分成 $360°$，一般以正北为基准，顺时针方向旋转，北风（N）是 $0°$（即 $360°$），东风（E）是 $90°$，南风（S）是 $180°$，西风（W）是 $270°$，其余的风向都可以由此计算出来。

4.2 偏航异常因素分析

4.2.1 偏航误差的产生

1. 控制系统特性引起的偏航误差

自然界的风是由空气流动引起的一种自然现象，其方向和大小都是随机变化的。为避免风电机组随着风的随机变化而频繁偏航，造成风电机组损伤，自动偏航控制系统在控制策略中允许风电机组在一定时间段内保持某一允许角度范围的偏航状态。

2. 尾流效应引起的偏航误差

目前主流机型的风电机组都将风速、风向传感器安装于机舱后部，因此会受上游

风电机组及自身风轮转动产生的尾流影响造成其旋转平面处的诱导速度,从而引起当地风速的改变(风速的改变包括大小和方向的改变),使实际的风向与机舱上风向仪测量的方向存在偏差。

由风轮旋转产生的风向测量偏差记做 θ_y,其表达式为

$$\theta_y = \arctan \frac{a'}{a} \tag{4.4}$$

式中　a——轴向诱导速度;

　　　a'——切向诱导速度。

由此可见,风向标测得的风向较真实角度变小了,所以需要在风向实际测量值的基础上加上由于风轮旋转所导致的风向测量偏差 θ,作为最终的偏航误差。

3. 偏航系统故障引起的偏航误差

主动偏航系统控制框图如图 4.3 所示,其工作过程大致为:首先风向标将风向信号转换为电信号传递到偏航控制器中,处理器经过比较后给偏航电机发出顺时针或逆时针的偏航指令,由风速及应偏航角度确定的偏航驱动电机转速通过同轴连接的减速器减速后,将偏航力矩作用在回转体大齿轮上,带动风轮偏航对风。安装于偏航齿轮上的编码器记录移动齿轮数量,转换成的电信号即为机舱位置,反馈至偏航控制输入端与风向信号比较。如果残差值在偏航控制误差允许范围内,风电机组实现正对风,偏航过程结束。在执行偏航控制的过程中,风向标及偏航执行机构各组成部分若存在故障或控制精度不高都会导致机舱对风不准,出现偏航误差。

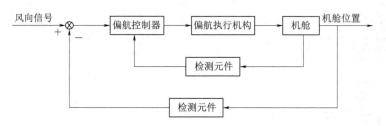

图 4.3　主动偏航系统控制框图

4.2.2　偏航故障诱因分析

偏航系统主要由偏航控制机构和偏航执行机构两大部分组成。风向信号来源于风电机组机舱尾部的风向标,该信号与偏航执行机构反馈的机舱位置信号的偏差作为偏航系统的输入信号来调节机舱对风。因此风向标的测量结果与偏航执行机构驱动机舱至指定位置的准确程度,决定了风电机组对风的精确程度。

1. 风向标故障

风电机组的偏航控制,多由位于下风向的风向传感器发出的信号进行主动对风。但由于风向传感器安装在机舱的尾部,风轮转动时形成的尾流对风向传感器的指向会产生影响。另外,考虑到成本、使用寿命等各方面因素,目前主要采用风向标来测量风向。由于大部分风电场都建在气候条件恶劣的地区,采用机械旋转方式来测量风向的风向标很容易受风沙堵塞等影响造成磨损,使得风向测量精度降低;或在温度较低的情况下出现结冰,使得风向测量的响应时间过长,造成偏航控制精度不高。

2. 偏航执行机构故障

偏航驱动机构一般由驱动电机、偏航行星齿轮减速器、传动齿轮、偏航轴承、回转体大齿轮、偏航制动器等部分组成。偏航执行机构常见的故障有偏航位置故障、右偏航反馈丢失、偏航位置传感器故障、左偏航反馈丢失和偏航速度故障(偏航过载)。这几种故障出现时,SCADA 系统失去正常电信号后会自动报警,可称为显性故障。在跟风过程中,由于振荡风向的变化而引起齿轮产生交变应力载荷,这种交变应力极易引起齿轮磨损。齿轮的磨损会造成风电机组机舱位置对风不准确,造成风电机组长期运行在风轮侧偏效应下,这种隐性故障在 SCADA 系统中无法监测报警。

4.3 偏航误差对风电机组的影响分析

4.3.1 偏航误差对风电机组气动特性的影响

风轮正对风情况下,叶素动量理论可忽略由于流体入流不垂直于风轮平面所造成的尾迹偏斜。当风轮未正对风时,气流流动不再是轴对称的,风电机组在实际运行时就存在偏航误差。偏航误差 θ,指风轮绕塔筒旋转的角度,是入流方向与主轴之间的夹角,表示风轮对风的偏差。偏航误差的存在造成风轮后偏斜尾迹的出现,产生风轮侧偏效应,如图 4.4 所示,其中,v_∞ 为自由流速度,v_{rel} 为自由流作用在叶片截面的速度,w 为偏航误差下的诱导速度。

尾流偏斜角 χ 是流体离开风电机组时与风轮

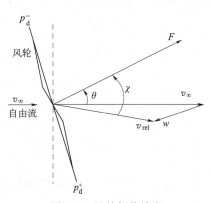

图 4.4 风轮侧偏效应

转轴之间的实际流动夹角，比偏航误差 θ 稍大一些。根据 Coleman 等的分析，可以得出 χ 与 θ 之间的关系为

$$\tan\chi = \frac{\sin\theta - a\tan\dfrac{\chi}{2}}{\cos\theta - a} \tag{4.5}$$

式中　a——轴向诱导因子。

恒定自由流下，风轮旋转作用在气体上的力为

$$F = (p_{\mathrm{d}}^+ - p_{\mathrm{d}}^-)A = \rho A v_\infty (\cos\theta - a)2av_\infty \tag{4.6}$$

式中　p_{d}^+、p_{d}^-——风轮上风面和下风面的压力，上风面压力引起的气动载荷大于下风面的气动载荷，导致风轮在旋转时叶片总在高低载荷间切换，最终引起疲劳载荷并影响风轮预期寿命。

4.3.2　偏航误差对风电机组运行特性的影响

4.3.2.1　风的等效模型

空气的流动形成了风，风速的大小随着高度变化而变化。把风轮旋转面内自由流平均风速记做 v，风电机组轮毂高度处的风速记做 v_{H}，剪切风速记做 v_{w}，塔影效应下的风速记做 v_{t}，则四者之间的关系为

$$v = v_{\mathrm{H}} + v_{\mathrm{w}} + v_{\mathrm{t}} \tag{4.7}$$

为方便讨论，将所有风速都转换成用 v_{H} 表示，即

$$v = Mv_{\mathrm{H}} \tag{4.8}$$

$$M = \frac{v}{v_{\mathrm{H}}} = 1 + \frac{\alpha(\alpha-1)}{8}\left(\frac{R}{H}\right)^2 + \frac{\alpha(\alpha-1)(\alpha-2)(\alpha-3)}{144}\left(\frac{R}{H}\right)^4 \tag{4.9}$$

式中　M——风速转换系数；

　　　α——风剪切指数；

　　　H——轮毂高度。

$$v_{\mathrm{w}} = \frac{2v_{\mathrm{H}}}{B(R^2 - r_0^2)}\sum_{b=1}^{B}\int_{r_0}^{R}\left[\alpha\left(\frac{r}{H}\right)^2\cos\psi_b + \frac{\alpha(\alpha-1)}{2}\left(\frac{r}{H}\right)^2\cos^2\psi_b\right.$$
$$\left. + \frac{\alpha(\alpha-1)(\alpha-2)}{6}\left(\frac{r}{H}\right)^3\cos^3\psi_b + \frac{\alpha(\alpha-1)(\alpha-2)(\alpha-3)}{6}\left(\frac{r}{H}\right)^4\cos^4\psi_b\right]r\,\mathrm{d}r \tag{4.10}$$

式中　r_0——叶根到风轮旋转轴线的距离；

　　　ψ_b——第 b 个叶片的方位角。

$$\psi_1 = \psi, \psi_b = \psi_{b-1} + \frac{2\pi}{B}$$

$$v_t = \frac{2V_H}{B(R^2 - r_0^2)} \sum_{b=1}^{B} \int_{r_0}^{R} MA^2 \frac{r^2 \sin^2\psi_b - x^2}{(r^2 \sin^2\psi_b + x^2)^2} r\,dr \tag{4.11}$$

式中　A——塔筒半径；

　　　x——叶片旋转至与塔筒平行时两者间距离。

4.3.2.2　偏航误差对风轮转矩的影响

　　风电机组在不同的运行状态下，其运行特性和控制参数各不相同，偏航误差对不同运行阶段的影响也不同。在启动状态下，风电机组通过调节发电机转矩来控制输出功率；而风轮所捕获的空气动力学扭矩即风轮转矩与发电机转矩为自变量和因变量关系。因此转矩波动对风电机组的运行和控制具有重要影响。风轮转矩可以表示为

$$T_t(\psi, \theta) = T_0 \left[1 + 2\frac{1-M}{M} + \frac{2}{v}(v_w + v_t)\right]\cos^2\theta \tag{4.12}$$

式中　T_0——不考虑风切变、塔阴影和偏航误差的理想风轮转矩。

$$T_0 = \frac{1}{2}\rho\pi R^3 v_H^2 \frac{C_{p\max}}{\lambda_{opt}} \tag{4.13}$$

令转矩系数为 T_c，则

$$T_c = \left[1 + 2\frac{1-M}{M} + \frac{2}{Mv_H}(v_w + v_t)\right]\cos^2\theta \tag{4.14}$$

根据式（4.13）和式（4.14），式（4.12）可写成

$$T_t = T_0 T_c \tag{4.15}$$

　　式（4.12）表明风轮转矩是叶片方位角 ψ 和偏航误差 θ 的函数。ψ 随着风轮旋转呈周期性变化，且可转换为时间参数，使得风轮转矩 T_t 也随时间周期性地变化。

　　表 4.1 显示了偏航误差对风轮转矩系数的影响。由表可见转矩系数的波动与偏航误差及风轮所处的方位角相关。当叶片处于塔影区域时，转矩系数与偏航误差呈正相关趋势，即随着偏航误差的增大，转矩系数也增加。当叶片处于塔影区域外时，转矩系数与偏航误差呈负相关趋势，即随着偏航误差的增加，转矩系数减少。当偏航误差在15°范围内时，引起转矩系数的波动在8%范围内，该影响在正常操作的可接受范围内。但是，当偏航误差较大（例如30°、45°或60°时），转矩损失非常大，损失率均大于25%，这将会对风电机组的正常运行有很大的影响。

表 4.1　　　　　　　　　　　　　　偏航误差对 T_c 的影响

偏航误差	叶片处于塔影区外	叶片处于塔影区内
0°	0.0065	-0.0960
10°	0.0062	-0.0938
15°	0.0060	-0.0892
20°	0.0056	-0.0845
30°	0.0049	-0.0718
45°	0.0031	-0.0479
60°	0.0015	-0.0240

4.3.2.3　偏航误差对风轮转速的影响

类似于风轮转矩推导，风轮转速可以表示为

$$\omega_t(\psi,\theta)=\frac{\omega_0}{M}\left(1+\frac{v_w+v_t}{v_H}\right)\cos\theta \tag{4.16}$$

$$\omega_0=\frac{\lambda_{opt}v_H}{R} \tag{4.17}$$

式中　ω_0——不考虑风剪切、塔影效应及偏航误差下的理想转速，其值为常量。

令

$$\omega_c=\frac{1}{M}\left(1+\frac{v_w+v_t}{v_H}\right)\cos\theta \tag{4.18}$$

则式（4.16）可表示为

$$\omega_t=\omega_0\omega_c \tag{4.19}$$

式（4.16）表明风轮转速 $\omega_t(\psi,\theta)$ 是叶片方位角 ψ 和偏转误差 θ 的函数。ω_c 是风轮转速系数。在不同风速下，偏航误差对风轮转速的影响见表 4.2。风速低于 5.4m/s，风轮转速没有达到额定转速，此时叶尖速比保持在最佳值。当风速达 7m/s，偏航误差为 10°时，风轮转速损失约为 1.44%；当偏航误差为 15°时，风轮转速损失约为 3.35%；当偏航误差为 30°时，风轮转速损失达到约 12.92%。

$v_H=5.4\sim10.5$m/s 时，风轮转速达到额定转速，但风电机组功率尚未达到额定功率。为了将风电机组维持在恒定的额定转速，叶尖速比随着风速的增加而降低。

$v_H=10$m/s，当偏航误差为 10°时，风轮转速损失约为 0.78%；当偏航误差为 15°时，风轮转速损失约为 2.73%；当偏航误差为 30°时，风轮转速损失约为 12.50%。

表 4.2　　　　　　　　　　　　偏航误差对风轮转速的影响

偏航误差	$v_H=7\mathrm{m/s}$		$v_H=10\mathrm{m/s}$		$v_H=15\mathrm{m/s}$	
	风轮转速 /(r/min)	转速损失	风轮转速 /(r/min)	转速损失	风轮转速 /(r/min)	转速损失
0°	10.45	0	12.80	0	12.80	0
10°	10.30	1.44%	12.70	0.78%	12.60	1.56%
15°	10.10	3.35%	12.45	2.73%	12.35	3.52%
20°	9.8	4.22%	11.80	5.81%	11.70	8.60%
30°	9.10	12.92%	11.20	12.50%	11.10	13.30%

$v_H>10.5\mathrm{m/s}$，风轮转速达到额定转速，风电机组功率达到额定功率。当风速为 15m/s，偏航误差为 10°时，风轮转速损失约为 1.56%；当偏航偏差为 15°时，风轮转速损失约为 3.52%；当偏航误差为 30°时，转速损失约为 13.30%。

4.3.2.4　偏航误差对风电机组功率的影响

将式（4.15）和式（4.19）代入等式 $P=T_t\omega_t$ 以获得偏航误差对风电机组功率的影响，即

$$P(\psi,\theta)=T_t(\psi,\theta)\omega_t(\psi,\theta)=T_0T_c\omega_0\omega_c \tag{4.20}$$

$$P_c=T_c\omega_c \tag{4.21}$$

式中　P_c——风电机组功率系数；

　　　T_c——转矩系数；

　　　ω_c——风轮转速系数。

图 4.5 和表 4.3 为偏航误差对风电机组功率系数的影响，由图可见 P_c（T_c 和 ω_c 的合成）中存在 3P 波动分量，偏航误差可以抑制 P_c 的波动，并且这种抑制效应随着偏航误差的增加而变强。

由图 4.5 可以看出功率系数受偏航误差影响程度较大。偏航误差由 0°增大到 15°时，风电机组功率系数有小幅降低，塔影效应下功率系数总体波动较大；当偏航误差超过 30°后，风电机组功率系数迅速减小，但此时风剪切和塔影效应产生的影响减小，功率波动幅度变小。偏航误差对风电机组功率系数的影响见表 4.3。

图 4.6 描绘了偏航误差对风电机组输出功率的影响及功率损耗随风速变化的影响情况。当风速小于 5.3m/s 时，风电机组处于低于额定转速阶段。在这个阶段，风电机组以最佳的转速比 λ_{opt} 及最优风能利用系数 $C_{p\max}$ 运行。图 4.6（b）显示，当偏航

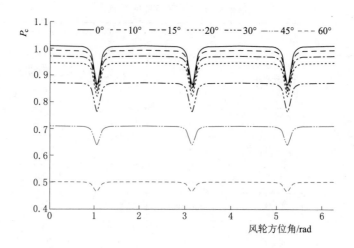

图 4.5　偏航误差对风电机组功率系数的影响曲线

表 4.3　　　　　　　　　　　偏航误差对风电机组功率系数的影响

偏航误差	波动幅度	减损量
0°	0.138	0
10°	0.131	0.015
15°	0.133	0.033
20°	0.128	0.061
30°	0.107	0.137
45°	0.072	0.298
60°	0.038	0.507

误差较小（例如 10°、15° 和 20°）时，功率损耗曲线快速接近甚至超过余弦立方值。当偏航误差大（例如 30°、45° 和 60°）时，功率损耗曲线近似线性地接近作为极限的余弦立方值。当风速在 5.3m/s 和 10.5m/s 之间变化时，风电机组运行在低于额定功率的阶段。在这个阶段，桨距角保持为 0°，随着风速的增加，λ 和 C_p 都会缓慢下降。偏航误差对风电机组功率的影响趋于稳定，功率损耗率达到最大值，不再随风速而变化。当风速大于 10.5m/s 时，风电机组工作在恒定额定功率阶段，通过增大桨距角以调节风电机组捕获的气动力转矩，C_p 随风速的增加而迅速下降以保护风电机组免受风力造成过大载荷的损害。此时偏航误差对风电机组功率的影响开始分化，由图 4.6（b）可见，偏航误差的影响迅速下降到 0。

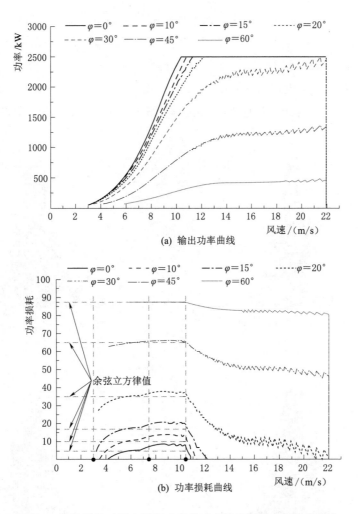

(a) 输出功率曲线

(b) 功率损耗曲线

图 4.6　偏航误差对风电机组功率及功率损耗随风速变化的影响

4.4　偏航系统运行状态评估

　　偏航系统对风偏差即偏航误差是一个随机变量，服从正态分布。自动控制系统时滞性导致风电机组即使运行状态正常也会有偏航误差的存在，误差允许范围内的偏航误差是可以接受的。将偏航系统响应偏航误差的差值定义为偏航跟随误差，即

$$\xi = \theta - \varepsilon \tag{4.22}$$

式中　ξ——偏航跟随误差；

　　　θ——偏航误差；

　　　ε——偏航角度。

偏航跟随误差的理想值为 0，如果在有效响应时间范围内，机舱位置未响应风向变化就会产生偏航跟随误差。偏航跟随误差可以有效反映偏航系统的控制情况，研究其统计特性对偏航系统运行状态评估具有现实意义。

提取 6 台 1.5MW 风电机组偏航系统 24 小时正常运行状态下的运行数据，分析各风电机组偏航跟随误差的数理统计特性，各风电机组偏航跟随误差概率分布如图 4.7 所示。

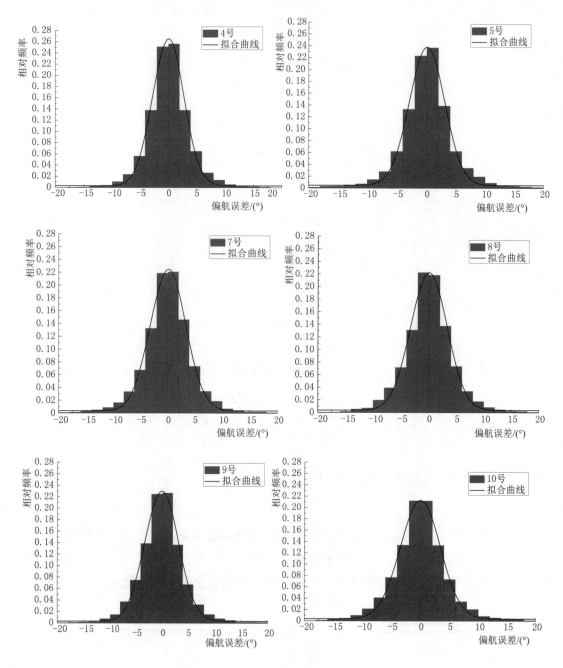

图 4.7　偏航跟随误差概率分布图

偏航跟随误差的描述统计见表 4.4，其均值接近 0，与理论分析一致，该值体现了偏航系统对风的灵敏性，该值越大风轮吸收到的风能相对越少，对风电机组输出功率的影响越大。6 台风电机组的功率曲线对比如图 4.8 所示，偏航跟随误差均值最大的 4 号机组输出功率表现最差，而均值最小的 9 号机组输出功率表现最优。5 号机组偏航跟随误差均值并不是最小的，其输出功率表现却相对较好，与偏航跟随误差的峰度值较大有关。在概率统计中，峰度反映了峰部的尖度，峰度高就意味着方差增大是由低频度的大于或小于平均值的极端差值引起的。由表 4.4 可见，5 号机组峰度值最大，其偏航跟随误差采样值在 $[-\sigma, \sigma]$ 区间范围内的数量占总采样数量的 80%，是 6 台机组中最高的，所以其输出功率表现相对较好。风速达到额定风速后，风电机组开始启动变桨控制，此时风电机组的输出功率与偏航跟随误差相关性减弱，各风电机组输出功率差异变小，基本都接近额定功率。

表 4.4 风电机组偏航跟随误差描述统计数据

风电机组编号	均值	标准差	峰度
9	0.005	4.145	3.252
10	0.083	4.420	2.657
8	0.101	4.299	2.250
5	0.130	4.617	6.024
7	0.140	4.252	2.431
4	0.156	3.732	3.187

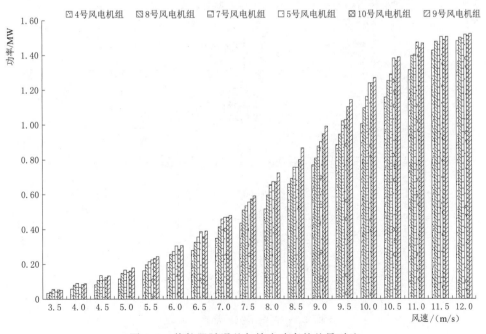

图 4.8 偏航跟随误差与输出功率的差异对比

4.5　偏航系统的异常感知方法

Hawkins 于 1980 年给出异常的定义为：在数据集中与众不同的数据，使人怀疑这些数据并非随机偏差，而是产生于完全不同的机制。数据分析是根据已有的知识，使用定性和定量的数据分析方法及流程为提高决策水平提供依据的科学。结合数据分析的异常感知仅需运用风电场 SCADA 系统存储的风电机组数据，不需要增加额外的监测设备，将有益于提升风电机组的经济效益，降低风电机组的运行故障。

偏航系统异常感知过程分为异常检测和异常分类两部分，基本流程如图 4.9 所示。首先采用 EWMA 控制图法对偏航系统进行异常检测，并利用 K-S 检验验证检测结果；判断偏航系统出现异常后，分析风电场风向与单机风向标所测风向间的相关性，根据分析结果进行异常分类，从而实现偏航系统的异常感知。

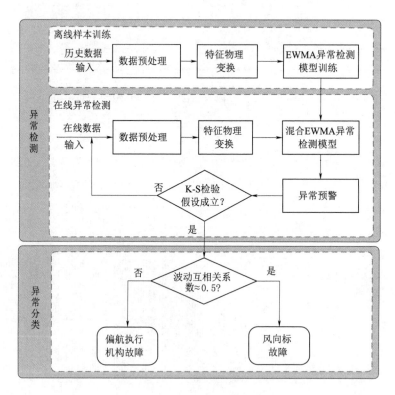

图 4.9　偏航系统异常感知流程

4.5.1 数据分析与处理

数据分析与处理的目的是抽象出对异常感知输出结果有重要影响的特征信息，根据数据分析对象机理特征做相应的数据清洗、变换。SCADA 系统中记录了风电机组多达 150 个不同信号（变量）的运行数据，包括时间、计算量、开关变量及位置设定的数值显示，以及连续测量的温度、电流、电压等，某双馈风电机组偏航系统相关的运行参数见表 4.5。

表 4.5 偏 航 系 统 运 行 参 数

参数名称	说 明	参数名称	说 明
time	时间	yaw _ ang	偏航角度
win _ sp	风速	yaw _ sp	偏航速度
win _ ang	风向角	yaw _ moto1 _ wor _ hours	偏航风电机组 1 工作时间
Inst _ wind _ ang	瞬时风向角	yaw _ moto2 _ wor _ hours	偏航风电机组 2 工作时间
yaw _ pos	偏航位置	yaw _ moto2 _ wor _ hours	偏航风电机组 3 工作时间

基于偏航系统运行机理及异常检测需要，形成新的偏航系统异常统计变量如下：
风向标所测风向为

$$\theta(i) = p(i) - a(i) \tag{4.23}$$

式中　i——采样次数；

$p(i)$——第 i 次偏航位置采样值；

$a(i)$——风向角第 i 次采样值。

根据式（4.22）及风电机组在 SCADA 系统中偏航系统的相关监测变量，定义偏航跟随误差为

$$\xi_i = |W(i+1) - W(i)| - |p(i+1) - p(i)|, i = 1, 2, \cdots \tag{4.24}$$

式中　$W(i)$——第 i 次风向角采样值。

正常运行状态下，机舱位置在误差允许范围内应及时响应风向变化。偏航跟随误差 ξ_i 反映了风电机组机舱位置跟随风向变化的灵敏性，ξ_i 数值越小，灵敏性越高。图 4.10 为某风电机组偏航角度跟随偏航误差的时序变化曲线。由图可见，在风向变化后，该风电机组的偏航系统控制机舱位置及时响应了风向的变化。

4.5.2 EWMA 控制图

指数加权移动平均（Exponentially Weighted Moving Average，EWMA）控制图

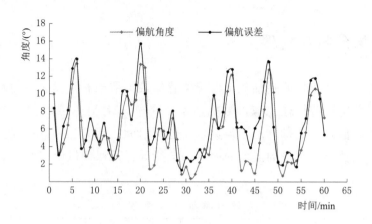

图 4.10　偏航角度跟随偏航误差的时序变化曲线

是移动平均控制图的一种变形图。它不仅能及时检测出生产过程均值所发生的较小波动，而且对当前过程的突变性变异具有一定的检出效果。在 EWMA 控制图中，历史数据对当前数据按照不同的权值产生影响，即构造出一组新的时间相关的数据。

设 i 时刻的原始采样数据为 x_i，则该时刻 EWMA 统计量为

$$z_i = \lambda x_i + (1-\lambda)z_{i-1} \tag{4.25}$$

式中　λ——遗忘因子或平滑参数，$\lambda \in (0, 1]$。

设 H 为控制限，当 $z_i \geqslant H$ 或 $z_i \leqslant -H$ 时报警。λ 的取值影响可检测出故障的幅值。当 λ 取值较小时，EWMA 控制图对微小幅值故障灵敏；当 λ 取值较大时，EWMA 控制图对大幅值故障灵敏。

EWMA 控制图是沿着横轴绘制的三线图，包括一条目标中心线 μ 和绘制于中心线两边的控制限 $L\sigma$。L 为控制限系数，σ 为生产过程运行数据的标准差。当监控变量超过控制限范围，判断有异常。

采用 EWMA 控制图法进行异常检测分为样本训练和在线检测两个步骤。

（1）样本训练。采集被监测系统于正常、各工况状态下的运行数据，用于计算模型参数 μ、σ 及 λ。

（2）在线检测。对于每一个在线检测变量 x_i，计算 EWMA 统计量 z_i 及控制限 $L\sigma$。如果检测变量 x_i 在控制限范围内，被监测系统工作正常；否则系统运行状态异常。

4.5.3　K-S 检验分析

风电机组的控制系统是一个强耦合非线性系统，偏航系统在启动偏航控制时，不同风电机组运行数据差异较大，偏航过程中的非稳态运行数据很容易被 EWMA 控制

图法误判为故障。为降低误判率，本书采用 K-S 检验（Kolmogorov-Smirnov test）来检验偏航异常检测的结果。

K-S 检验用于分析样本数据是否符合某种分布或两组数据间有无显著性差异。优点在于对两个样本的经验累积分布函数在位置和形状上的差异都很敏感且是一种无参数检验方法。

$$D_{n1,n2} = \sup_x |F_{n1}(x) - F_{n2}(x)| \tag{4.26}$$

式中　$F_{n1}(x)$、$F_{n2}(x)$——两个样本的经验累计分布函数；

$\qquad\quad$ n_1、n_2——两个样本的容量。

K-S 检验的步骤为：

（1）假设 H：$F_{n1}(x) = F_{n2}(x)$，即两样本服从统一分布。

（2）计算两个样本累积分布函数差的绝对值，令其最大值为 $D_{n1,n2}$。

（3）根据样本容量及显著性水平 α 查阅 K_α。

（4）如果 $\sqrt{\dfrac{n_1 n_2}{n_1 + n_2}} D_{n1,n2} < K_\alpha$，则假设成立。

偏航系统异常检测分为两个阶段，如图 4.11 所示。第一阶段，对偏航系统实行实时在线异常监测，当统计变量超过控制限，发异常预警提示；第二阶段，K-S 检验异常预警验证，若假设成立忽略异常预警数据点，否则发出异常报警。

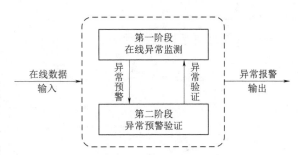

图 4.11　偏航系统异常检测流程图

4.5.4　波动相关性分析算法

相关性分析是处理变量与变量之间关系的一种统计方法。安装于风电机组机舱尾部的风向标所测风向与风电机组所在风电场测风塔所测风向具有一定相关性。但由于测风塔和风电机组所处地形、地表粗糙度以及尾流效应等因素影响，两者间所测风向并非强线性相关。因此本书引入波动相关系数，考察风电场风向与风电机组自测风向的波动趋势的相关性，作为偏航系统异常分类的重要参数。

两个时间序列：风电场测风塔风向和风电机组风向标风向的波动互相关系数计算采用波动互相关分析算法（Fluctuation Cross-Correlation Analysis，FCCA）。波动互相关系数表示在不同时间范围内两组风向数据差值的变化情况。

风向是一随机变量，假设 $\{D_A(i), i=1,2,\cdots,N\}$ 和 $\{D_V(i), i=1,2,\cdots,N\}$ 为测风塔风向和风向标风向的波动时间序列，N 为时间序列长度，则其累积时间序列为

$$d_A(l) = \sum_{i=1}^{l} [D_A(i) - \overline{D_A}], l=1,2,\cdots,N \tag{4.27}$$

$$d_V(l) = \sum_{i=1}^{l} [D_V(i) - \overline{D_V}], l=1,2,\cdots,N \tag{4.28}$$

式中 l——采样步长；

$\overline{D}$——风向时间序列均值。

两个风向序列统计量差分为

$$\Delta d_A(l,l_0) = d_A(l+l_0) - d_A(l_0), l_0 = 1,2,\cdots,N-l \tag{4.29}$$

$$\Delta d_V(l,l_0) = d_V(l+l_0) - d_V(l_0), l_0 = 1,2,\cdots,N-l \tag{4.30}$$

其中，$l=1,2,\cdots,N-1$。

两个风向时间序列的波动协方差为

$$F_{AV}(l) = \left\{ \frac{1}{N-l} \sum_{l_0=1}^{N-l} \left[\Delta d_A(l,l_0) - \frac{1}{N-l} \sum_{l_0=1}^{N-l} \Delta d_A(l,l_0) \right] \right.$$
$$\left. \times \left[\Delta d_V(l,l_0) - \frac{1}{N-l} \sum_{l_0=1}^{N-l} \Delta d_V(l,l_0) \right] \right\}^{\frac{1}{2}} \tag{4.31}$$

当两个风向时间序列存在相关性时，协方差 $F_{AV}(l)$ 满足幂律分布

$$F_{AV}(l) \sim l^{\alpha} \tag{4.32}$$

式中 α——FCCA 的标度指数，即波动互相关系数，代表了两个风向时间序列的波动互相关程度。

$\alpha > 0.5$（或 $\alpha < 0.5$）表示两个风向在时间序列范围内正相关（或负相关）；$\alpha = 0.5$ 表示两个风向在时间序列范围内不相关；α 数值越大，代表两个时间序列相关程度越高。

4.6 案例分析

4.6.1 偏航系统的异常检测

偏航异常检测监控变量 ξ_i 服从正态分布，而 EWMA 控制图法对正态分布具有较

强的鲁棒性。风向发生变化后，机舱跟随移动，由于偏航系统控制策略与风速相关以及控制系统的时滞问题，偏航系统的控制过程不是一个静态控制过程，因此在线异常检测阶段采用了移动中心线 EWMA 控制图的检测策略。偏航系统异常检测第一阶段的具体方法如下：

1. 样本训练

（1）选取风电机组正常工作条件下（风速高于切入风速至额定风速，风电机组未启动解缆）680 组风向角及偏航位置数据，按照式（4.24）计算偏航跟随误差 ξ_i。

（2）计算偏航跟随误差 ξ_i 的采样均值，并将其赋予 z_0。

（3）计算 λ 不同取值时的 EWMA 统计量 z_i。

（4）计算预测误差 $err_i = \xi_i - z_{i-1}$。

（5）计算所有 λ 取值下的预测误差 err_i 的平方和，取令 err_i 平方和最小的 λ，代入式（4.25）计算 EWMA 统计量 z_i。

2. 在线检测

（1）在线采集偏航系统运行数据，并计算实时偏航跟随误差 ξ_i。

（2）按照式（4.25）计算实时 EWMA 统计量 z_i 及预测误差 err_i。

（3）计算方差。

$$\sigma^2_{err_i} = \theta \cdot err^2_i + (1-\theta)\sigma^2_{err_{i-1}} \tag{4.33}$$

（4）计算上、下控制限 UCL_i 和 LCL_i。

$$UCL_i = z_{i-1} + L \cdot \sigma_{err_{i-1}} \tag{4.34}$$

$$LCL_i = z_{i-1} - L \cdot \sigma_{err_{i-1}} \tag{4.35}$$

其中，式（4.33）中的 θ 为误差平滑常数，该值越小越好。L 为控制限宽度，L 与 λ 的取值组合可根据文献中提出的平均运行链长（Average Run Length，ARL）确定。λ 取值影响可检测出的异常幅度，分别取不同 λ 值对同一样本进行测试，λ 取值与对应检测出的超限点个数见表 4.6，随着 λ 取值减小，检测出超限点的个数增多，说明算法中判定为异常点的幅度在逐渐减小。

表 4.6　　　　　　　　　　　λ 取值与超限点个数

λ	0.03	0.05	0.10	0.20	0.25	0.30	0.40	0.50	0.75	0.90
超限点个数	12	11	8	7	6	6	3	3	3	3

为保障风电机组的运行安全，实际的偏航控制策略允许存在一定的偏航误差，因此 λ 的取值并非越小越好。按照偏航系统异常检测中样本训练第 5 条的计算方法，取 $\lambda=0.85$，$L=3.480$。该参数下检测出的超限点有 3 个，如图 4.12 所示，超限点分别为第 401、第 473 和第 483 个数据点。

如果 $LCL_i<\xi_i<UCL_i$，偏航系统运行正常；否则发出偏航系统异常预警，进入异常验证阶段。

异常验证采用追溯模式，以超限点为分界点，将其前 n_1 个和后 n_2 个样本值划分为两个不相交的子序列，按照 K‐S 检验步骤返回零假设的检验决定：

$H=0$：接受假设，即两个子序列符合同分布，偏航系统无异常，忽略超限点异常预警。

$H=1$：拒绝假设，即两个子序列不符合同分布，偏航系统运行异常，发出异常报警。

对测试样本检测出的超限点进行 K‐S 检验，其中第 401 和第 473 个数据点检验返回值为 0，因此忽略这两个数据点的异常预警；第 483 个数据点的 K‐S 检验返回值为 1，发出异常报警。

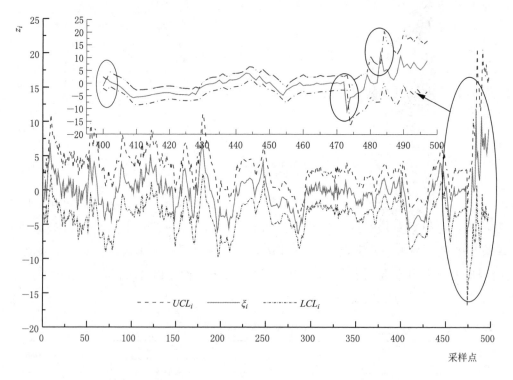

图 4.12　偏航跟随误差的 EWMA 控制图

4.7 小结

4.6.2 偏航系统的异常分类

采集第 483 个数据点对应日期的测风塔所测风向及该风电机组风向标所测风向进行相关性分析,对偏航系统进行异常分类。

测风塔及测试风电机组风向标风向数据如图 4.13 所示,地形差异造成两者所测风向角度不同,但风向标所测风向在 3:30 之前的变化趋势与测风塔所测风向的变化趋势基本保持一致。在异常点报警时刻 4:30 前后 1 小时内,两者风向变化趋势出现差异。

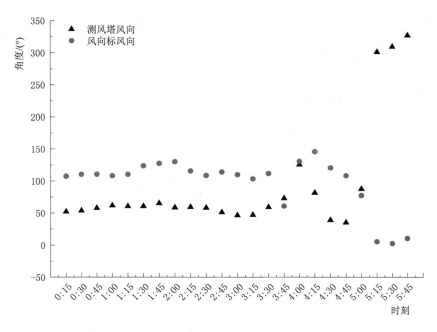

图 4.13 测风塔与风向标风向

计算报警时刻前后 1 小时波动互相关系数 $\alpha = 0.648$,风向标所测风向与测风塔所测风向正向相关,说明风向标能够跟随风电场风向的变化而转动,此时出现偏航跟随误差超限报警,说明偏航执行机构未能及时准确响应风向标所测风向变化,推断偏航执行机构异常。

4.7 小结

本章介绍了偏航误差的产生原因,并分析了偏航故障的诱因,建立了偏航跟随误

93

差概率统计模型，通过单机和机群的概率统计特征，构造偏航机构异常识别的特征参数。构造出风电机组偏航跟随误差概率模型，其参数变化服从 $[\mu, \sigma^2]$ 的正态分布。其数学期望 μ 越小，灵敏性越高。风电机组运行工况对偏航机构特性有一定影响，在额定风速下，偏航跟随误差大小与对发电量的影响程度成正比关系；额定风速之上，由于变桨功率控制的作用，偏航跟随风向对发电量的影响程度降低。因此偏航机构异常识别主要应用于额定风速之下的运行工况。

第 5 章

变桨距系统故障变量识别与诊断

风力发电若要长期稳定发展，就必须保证风电机组能够安全稳定运行并尽可能地降低运维成本。因此无论从提高风电机组运行安全方面考虑，还是从减少运维成本角度出发，对风电机组故障进行故障诊断分析都具有巨大的学术和工程意义。

本章结合我国使用最为广泛的三叶片水平轴双馈式风电机组介绍变桨距系统的基本组成和工作原理，并通过对变桨距系统的典型故障进行全面分析，掌握风电机组变桨距系统故障发生的原因和故障之间的相互关系。根据分析结果得到变桨距系统故障的特征，为变桨距系统故障诊断研究提供有力依据。

5.1 变桨距系统基本组成

变桨距系统是利用电机与减速器相互配合对每个叶片进行单独调节，系统结构紧凑、可靠，超大型风电机组允许 3 个叶片独立变桨。变桨距系统由变桨控制器、变桨驱动器、伺服电机、备用电源和变桨中央主控制柜组成。

1. 变桨控制器

变桨控制器是变桨距系统的中枢，风电机组控制器和变桨驱动器之间的信息传递就是通过变桨控制器来完成的。另外，变桨控制器还需要承担温度的检测与控制、监控保护和人机交互等任务。变桨距系统会接收主控制器根据风速、转速和发电机功率等参数计算出的目标桨距角，同时也会把实际值和运行状况反馈到主控制器中，从而实现变桨电机驱动叶片转动与静止。

2. 变桨驱动器

变桨驱动器根据变桨控制器发出的指令，经过减速器带动叶片旋转到目标位置。

按照控制目标的不同，可以把变桨驱动器的控制分为速度伺服控制和位置伺服控制。变桨控制器通过向变桨驱动器发出速度指令进行统一协调控制，从而保证变桨距系统的同步。为使叶片旋转达到指定速度和指定位置，变桨控制器会同时向变桨驱动器发出位置指令和速度指令，控制过程如图 5.1 所示。

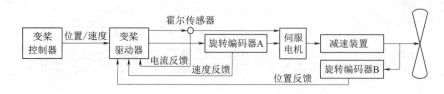

图 5.1　变桨距系统位置伺服控制框图

3. 伺服电机

伺服电机是会对变桨距系统性能产生影响的最终执行元件。伺服电机通常包括无刷和有刷直流电机、永磁同步电机和感应电机等。无刷直流电机和永磁同步电机具有体积小、控制精度高等特点，在一些对安装空间要求严格的地方非常适用。有刷直流电机具有控制简单、性能好的优点，所以在变桨距系统上应用广泛，但直流电机内的电刷和换向器致使电机长度相比无刷直流电机长，因而不利于使用在空间狭小的轮毂内；感应电机同样具有体积大的缺点，一般应用于环境恶劣的地方，但对控制精度要求不能太高。

4. 备用电源

备用电源通常作为变桨距系统故障时的应急装置。当变桨距系统无法从滑环中的导线获取电能时，为确保及时收桨，轮毂内的备用电源会给变桨距系统提供电能。

5. 变桨中央控制柜

变桨中央控制柜在变桨距系统中起关键作用，在负责对备用电源进行充电管理及温度监测的同时，根据实时风况及风电机组当前运行状态，计算桨距角给定值并分别向 3 个轴控柜发送指令，令变桨驱动器驱动叶片转动至指定角度，并通过冗余编码器检查校验。

5.2　变桨距系统的工作原理

变桨距系统在现代变速变桨风电机组中起到至关重要的作用。当实际风速超过风电机组的额定风速后，变桨距系统通过调节叶片桨距角来改变叶片的气动特性，从而改善叶片和整个风电机组的受力，控制发电机转速维持在额定转速，进而输出恒定功率，保证风电机组稳定、高效地运行。在高风速或紧急情况下，变桨距系统及时收桨，保证风电机组的安全运行。

风电机组的功率特性为

$$P = \frac{1}{2} C_p(\beta, \lambda) \rho \pi R^2 v^3 \tag{5.1}$$

式中　C_p——风能利用系数；

$\quad\quad P$——风电机组捕获的风能功率；

$\quad\quad \beta$——桨距角；

$\quad\quad \lambda$——叶尖速比；

$\quad\quad \rho$——空气密度；

$\quad\quad v$——转子的有效风速；

$\quad\quad R$——风轮半径。

C_p 的大小由 β 和 λ 决定。当 β 发生变化时，最大风能利用系数 $C_{p\max}$ 也会随之改变；当 λ 一定时，C_p 在 $\beta=0°$ 时获得最大值，β 越大则 C_p 越小。当风电机组在额定风速以下时，为了尽可能多地捕获风能，应保持桨距角 $\beta=0°$；而在额定风速以上时，通过调整桨距角使风电机组输出平稳恒定的额定功率，并保证风电机组安全运行。

5.3　变桨距系统的故障分类

5.3.1　变桨角度故障

变桨角度异常和变桨不对称是两种常见的变桨角度故障。变桨角度异常是指 A、B 编码器测量的变桨角度与给定变桨角度不一致。A 编码器为变桨电机上的旋转编码器，B 编码器为叶片角度计算器。由于 B 编码器的机械凸轮与叶片变桨齿轮啮合精度较低且会相互磨损，导致细微晃动都可能造成较大偏差，所以 B 编码器故障是引起变桨角度异常的常见原因。但如果该故障反复发生，则需要排查轮毂内的 A、B 编码器是否存在接线问题，若排除这种可能则需检查 B 编码器是否损坏。变桨距电机执行机构原理图如图 5.2 所示。

对于同步变桨风电机组，变桨不对称故障就是 3 个叶片角度不同。引起该故障的原因如下：

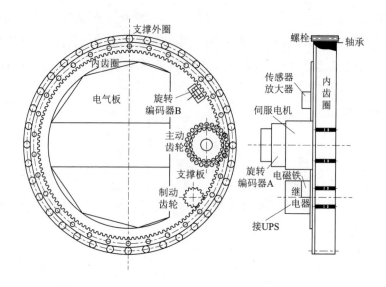

图 5.2　变桨距电机执行机构原理图

（1）由于变桨距系统的轴承是摆动轴承，并非单向旋转轴承，若润滑效果不好，会对轴承造成一定的磨损及损坏，进而引起变桨不对称故障。

（2）驱动装置中齿轮间啮合处发生异物卡涩或堵塞，造成减速器卡死甚至损坏。

（3）变桨电机温度过高或轮毂驱动异常。

5.3.2　变桨转矩故障

减速器故障和螺栓松动是导致变桨转矩异常的两大原因。引起螺栓松动的原因为作用在叶片上的惯性载荷和轴承磨损。在惯性载荷的作用下，叶片发生不均匀受力而润滑不足产生轴承磨损时也会导致螺栓松动，进而影响风速的大小和方向，产生的陀螺力矩就会导致变桨转矩异常。

5.3.3　变桨电机故障

变桨电机过热和变桨电机过流是引发变桨电机故障的两大主因。当变桨电机电流过大时会影响变桨电机的温度，而变桨电机过热和过流也会引起变桨角度和编码器等的故障，对风电机组的运行造成严重的影响。

引起变桨电机过热的主要原因是线圈发热，而造成线圈发热的原因有：编码器速度反馈与给定速度之间的差值大于 $0.5°/s$，且有 5s 左右的延迟时，变桨电机发生堵转；变桨齿轮被异物堵塞或电气刹车处于制动状态；另外电机发生内部短路、外载荷过大导致的过流都会引起变桨电机温度升高。引发变桨电流过大的主要原因有：机械故障导致的变桨电机卡死或者转动卡涩；轮毂驱动异常，当变桨电机转速大于1300r/min时就可能会引发轮毂驱动异常，进而引发变桨电机过流或变桨角度异常等故障。

5.3.4　故障分析

变桨距系统由多个模块构成，各模块间相互影响、相互制约，因此变桨距系统在结构和功能上的复杂性导致其故障的发生与多个相互关联的因素有关。有时变桨距系统发生一个故障的同时会引起其他一系列故障，即故障的连锁反应。例如线圈发热会引起变桨电机过热；引起变桨角度异常和编码器故障等。因此，变桨距系统故障形式复杂，涉及的特征参数较多，且各参数和故障间具有很强的耦合性，是一个故障率高且复杂的非线性系统。为精准判断变桨距系统的故障，故障特征的提取至关重要。

5.4　变桨距系统的故障特征变量

了解变桨距系统故障类型后，故障特征提取成为实现变桨距系统状态监测及故障诊断的关键。目前，故障特征提取方法众多，本书介绍基于 Relief 方法利用风电机组 SCADA 系统中采集与记录的相关运行变量数据与变桨距系统的故障信息，建立包括变桨距系统正常和故障两种状态下的训练样本集，提取出最能代表风电机组变桨距系统故障特征的特征变量，构建变桨距系统的观测向量 A。

5.4.1　变桨距系统的主要运行参数

以某 1.5MW 双馈式风电机组为例，该风电机组采用直流电机作为变桨距系统的执行元件，其变桨距系统各部件连接框图如图 5.3 所示。

该风电机组变桨距系统的主要组成部件见表 5.1。

表 5.1　　　　　　　　　变桨距系统的主要组成部件

部　件　名　称	数量
电控箱（中控箱、轴控箱）	1 套（4 个）
变桨电机（配有变桨距系统主编码器：A 编码器）	3 套

续表

部 件 名 称	数量
后备电源	3 套
机械式限位开关	3 套（6 个）
限位开关支架及相关连接件	3 套
冗余编码器：B 编码器	3 套
冗余编码器支架、测量小齿轮及相关连接件	3 套
各部件间的连接电缆及电缆连接器	1 套

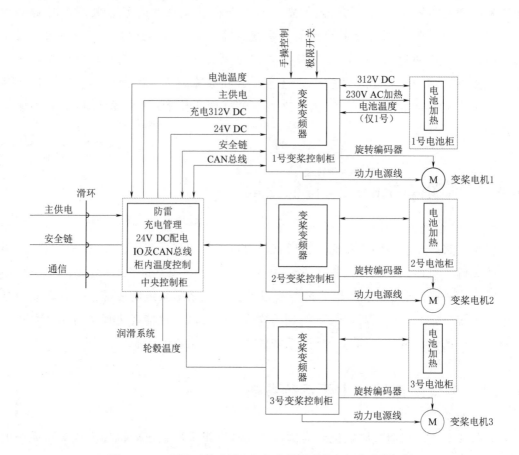

图 5.3   1.5MW 双馈式风电机组变桨距系统各部件连接框图

　　为实现变桨距系统的状态监测及故障诊断，需要对变桨距系统的变桨电机、变桨变频器以及叶片桨距角等多个相关变量进行历史数据的统计与分析，为进一步的数据挖掘做准备。变桨距系统的运行状态除了与自身组成部件的运行参数有关外，还与风况、发电机转速以及有功功率等多个变量密切相关。表 5.2 中详细介绍了某 1.5MW 双馈风电机组 SCADA 系统所记录的变桨距系统相关运行参数及意义。

表 5.2　　　　　　　　　　　　变桨距系统相关运行参数及意义

参数代码	参数意义	参数代码	参数意义
4301	发电机转速	3013	叶片散热器 1 温度
3502	风速	3014	叶片散热器 2 温度
4703	有功功率	3015	叶片散热器 3 温度
3001	叶片 1 桨距角	3016	变桨变频器 1 温度
3002	叶片 2 桨距角	3017	变桨变频器 2 温度
3003	叶片 3 桨距角	3018	变桨变频器 3 温度
3004	叶片 1 冗余变桨角度	3019	变桨电机 1 温度
3005	叶片 2 冗余变桨角度	3020	变桨电机 2 温度
3006	叶片 3 冗余变桨角度	3021	变桨电机 3 温度
3007	变桨电机 1 转速	3022	变桨控制柜 1 温度
3008	变桨电机 2 转速	3023	变桨控制柜 2 温度
3009	变桨电机 3 转速	3024	变桨控制柜 3 温度
3010	变桨电机 1 驱动电流	3025	变桨电池柜 1 温度
3011	变桨电机 2 驱动电流	3026	变桨电池柜 2 温度
3012	变桨电机 3 驱动电流	3027	变桨电池柜 3 温度

5.4.2　基于 Relief 算法的变桨距系统故障特征变量选择

5.4.2.1　Relief 算法简介

Relief 算法是最早由 Kira 提出的一种基于现有训练数据样本的预测算法，能够从当前数据集中分辨出同类样本和不同类样本，然后从不同分类中选择出相关的样本数据，计算各个属性的相关权重。其具体思路为：首先，给每一维特征一个表示特征与类别相关程度的权重赋值；然后，利用假设间隔的概念对每个特征的权重值进行迭代计算；最后，通过不断的样本训练求得各特征的平均权重。根据权重大小的不同分辨出同类样本和不同类样本，权重值越大代表该特征具有越强的分类能力，反之则表示越弱。

在保持样本分类不变的情况下，假设间隔指决策面的最大移动距离，可表示为

$$\theta = \frac{1}{2} \left[\parallel x - M(x) \parallel - \parallel x - H(x) \parallel \right] \tag{5.2}$$

式中　$H(x)$——x 的同类最邻近的点；

　　　　$M(x)$——x 的非同类最邻近的点。

基于 Relief 算法的特征选择可通过如下步骤实现：

设在 $m \times n$ 维的矩阵中包含 n 个样本特征。首先给样本中各维特征赋初值 $w_j = 0$，$j = 1$，2，…，N_t，然后对第 j 个特征的样本训练如下：

(1) 从 n 个样本特征中取出一个样本 x_i，i 是从 1 到 n 的循环。

(2) 找出样本集中的每一个样本分别与同类样本和不同类样本之间距离最近的样本点。

(3) 对样本 x_i 的每个初选参量 p_i 的权值进行迭代，j 是从 1 到 N_t 的循环，即

$$w_j^{i+1} = w_j^i - \frac{diff(Y, x_i, H(x_i))}{n} + \frac{diff(S, x_i, M(x_i))}{n} \tag{5.3}$$

式中　　　　Y——所抽取的样本 x_i 的同类样本集；

　　　　　　S——所取样本 x_i 的不同类样本集；

$H(x_i)$、$M(x_i)$——与同类和不同类样本 R_1 的最近邻点。式（5.3）中，$diff(A$，R_1，$R_2)$ 表示样本 R_1 和样本 R_2 在特征向量 A 上的差，其计算公式为

$$diff(A, R_1, R_2) = \begin{cases} |R_1 - R_2| & R_1 \neq R_2 \\ 0 & R_1 = R_2 \end{cases} \tag{5.4}$$

由式（5.3）可以得出：对于分类抉择影响较大的特征，介于同类样本间的距离较小，介于不同类样本间的距离则较大，所以根据求得的权重值大小可以找出与类别相关性较强的特征，筛选出最优的特征子集。通常认为，特征权值大的则类别相关性较强，特征权值小的则类别相关性偏弱或者无关。

5.4.2.2　变桨距系统故障特征选择的训练样本集

利用风电机组 SCADA 系统的运行数据信息，在进行变桨距系统故障特征选择之前应先构建适用于 Relief 算法的样本集。

1. 变桨距系统的故障信息

变桨距系统涉及的参数较多，且构成变桨距系统的很多部件都容易出现故障。表 5.3 为 2016 年 1—6 月某风电机组 SCADA 系统所记录的变桨距系统故障，并给出了具体的故障类型及各类型故障发生的次数。

表 5.3   变桨距系统故障统计

故障类型	前 3 个月故障次数	后 3 个月故障次数	故障次数
变桨手动模式故障	1	0	1
紧急停机模式故障	31	27	58
目标变桨位置与实际变桨位置相差大于 0.1°	23	25	48
变桨主状态电压故障	85	88	173
变桨控制电压熔断器触发故障	34	36	70
变桨变频器通信故障	8	6	14
变桨变频器过热故障	3	1	4
变桨变频器直流母线欠压故障	61	70	131
变桨电池充电器 0 位故障	114	123	237
变桨电池充电器 1 位故障	332	345	677
变桨通信脉冲检测故障	94	89	183
变桨限位 91°故障	75	82	157
变桨限位开关触发故障	43	39	82
变桨电机过热故障	14	17	31
变桨电机驱动电流过大故障	9	6	15
变桨不对称故障	13	16	29
轮毂驱动异常故障	11	9	20

表 5.3 中变桨不对称故障、变桨变频器直流母线欠压故障、变桨主状态电压故障、变桨变频器过热故障、变桨通信脉冲检测故障、变桨电机驱动电流过大故障、目标变桨位置与实际变桨位置相差大于 0.1°、变桨电机过热故障、变桨控制电压熔断器触发故障、轮毂驱动异常等故障发生时会引起相关运行参数的改变，甚至引发其他故障，是变桨距系统运行状态监测及故障诊断的研究重点。

2. 构建训练样本集

适用于 Relief 算法的训练样本集包含正常数据集和故障数据集两部分。其中：正常数据集指在正常工况下的运行数据，也可以认为是在故障发生时刻之前的运行数据；故障数据集是指在发生故障时刻所记录的运行数据。

根据某风电机组在 2016 年 1—6 月期间的运行数据及变桨距系统故障信息，构建两个训练样本集，分别由风电机组 SCADA 系统记录的 2016 年 1—3 月和 2016 年 4—

6 月的风电机组运行数据及变桨距系统故障信息构成。两个训练样本集各有 1000 个运行时刻点，其中有 500 个时刻点是正常数据，而另外 500 个时刻点是故障数据。

5.4.2.3　变桨距系统故障特征变量选择

利用构建好的训练样本集来选择变桨距系统的故障特征。首先对所有特征变量的权重置 0；然后利用式（5.3）计算每个特征变量的权重值进行迭代；最后输出每个特征变量的权重值，具体流程如图 5.4 所示，所得到的变桨距系统初选变量的权重计算结果见表 5.4。

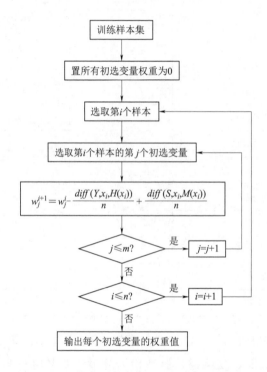

图 5.4　基于 Relief 算法的变桨距系统故障特征权重计算流程图

表 5.4　　　　　　　　　　　变桨距系统初选变量的权重计算结果

变量号	初选参数	样本集 1 权重	样本集 2 权重
1	叶片 1 桨距角	0.094	0.092
2	叶片 2 桨距角	0.095	0.093
3	叶片 3 桨距角	0.094	0.092
4	变桨电机 1 驱动电流	0.088	0.091
5	变桨电机 2 驱动电流	0.089	0.091

变量号	初选参数	样本集 1 权重	样本集 2 权重
6	变桨电机 3 驱动电流	0.089	0.092
7	风速	0.077	0.079
8	变桨电机 1 转速	0.084	0.078
9	变桨电机 2 转速	0.083	0.078
10	变桨电机 3 转速	0.083	0.079
11	变桨变频器 1 温度	0.013	0.016
12	变桨变频器 2 温度	0.015	0.017
13	变桨变频器 3 温度	0.014	0.016
14	发电机转速	0.013	0.016
15	有功功率	0.011	0.016
16	叶片 1 散热器温度	0.005	0.004
17	叶片 2 散热器温度	0.004	0.004
18	叶片 3 散热器温度	0.005	0.005
19	叶片 1 冗余变桨角度	0.003	0.002
20	叶片 2 冗余变桨角度	0.004	0.002
21	叶片 3 冗余变桨角度	0.003	0.003
22	变桨电机 1 温度	0.007	0.006
23	变桨电机 2 温度	0.007	0.007
24	变桨电机 3 温度	0.006	0.007
25	变桨控制柜 1 温度	0.003	0.003
26	变桨控制柜 2 温度	0.004	0.004
27	变桨控制柜 3 温度	0.003	0.004
28	变桨电池柜 1 温度	0.001	0.001
29	变桨电池柜 2 温度	0.002	0.001
30	变桨电池柜 3 温度	0.001	0.001

在进行变桨距系统故障特征变量权重计算时，若采用两个不同的样本集则会得到两组不同的特征权重值，但权重值所呈现的变化趋势是大体相同的。由表 5.4 可见，样本集 1 中前 10 个初选参数的权重之和为 0.876，并且第 10 个样本之后的权重值远小于前 10 个样本的权重值；类似地，样本集 2 中前 10 个初选参数的权重之和达到 0.865，同样第 10 个样本之后的权重值开始远小于前 10 个。这说明在所选的初选变

量样本集中，前 10 个参数对变桨距系统故障反映较灵敏。因此，本书选择前 10 个权重值较大的初选变量作为变桨距系统故障诊断的特征变量。

5.4.3　变桨距系统的观测向量

分析变桨距系统在 SCADA 系统的历史运行数据发现，在故障发生之前，变桨距系统相关运行参数会出现一些异常变化，这些变化往往可以说明变桨距系统将要进入异常运行状态，如果能够充分地利用故障发生前变桨距系统数据产生的预警式变化，对异常状况做出及时有效处理，将在很大程度上避免故障的发生。而在变桨距系统发生故障时，为了能够精准高效地利用其相关运行变量数据所表现出来的异常形式，快速、准确地判断变桨距系统的异常状态，合理地制定出故障处理方案，就需要建立一个性能良好的变桨距系统故障诊断模型，而影响该模型性能好坏的关键就是特征变量的选择。根据表 5.4 中基于 Relief 算法的变桨距系统故障特征权重计算结果可以从原始特征变量中选择出具代表性、分类性能好的特征变量，作为应用到故障诊断模型的最优特征变量。将这些特征变量构建成变桨距系统的观测向量 A，其中观测向量 A 的维数及各维数据所表示的运行参数意义为

$$A = \begin{bmatrix} a_1 \\ a_2 \\ a_3 \\ a_4 \\ a_5 \\ a_6 \\ a_7 \\ a_8 \\ a_9 \\ a_{10} \end{bmatrix} = \begin{bmatrix} \text{叶片 1 桨距角} \\ \text{叶片 2 桨距角} \\ \text{叶片 3 桨距角} \\ \text{变桨电机 1 驱动电流} \\ \text{变桨电机 2 驱动电流} \\ \text{变桨电机 3 驱动电流} \\ \text{风速} \\ \text{变桨电机 1 转速} \\ \text{变桨电机 2 转速} \\ \text{变桨电机 3 转速} \end{bmatrix}$$

5.5　变桨距系统故障诊断

由于变桨距系统运行工况复杂，变桨过程各变量具有非线性及时变性等特性，通过建立准确的解析模型来实现故障诊断是非常困难的。不同厂商、不同类型的风电机组故障类型众多，而积累下来的故障案例有限，所以不可能进行基于知识的故障诊断。基于这些原因，研究人员逐渐将注意力转移到研究基于数据驱动的故障诊断上。

基于数据驱动的故障诊断不需要建立精确的数学模型，只需利用系统变量的运行数据建立简单的数据模型，容易实现。

在用数理方法研究风电机组故障诊断时，关注的重点并非是单个运行数据或运行数据本身，而是考察数据间相互联系的特征。因此，需要对采集的数据进行特征提取，原始运行数据经过线性或非线性变换得到维度较低但更具有表达性的新特征，低维空间的维度往往反映了实际样本的本征维度，有利于后续数据分析与处理的过程。

主成分分析法（PCA）是目前基于多元统计过程控制的故障诊断技术的核心，是一种将多个相关变量转化为少数几个相互独立变量的有效分析方法。该方法能够在去除冗余信息的同时尽可能保留原始信息的完整性，但只适用于线性系统不能直接应用于复杂的、非线性的变桨系统。而核主成分分析法（KPCA）是在线性特征提取算法的基础上引入核方法的一种分析方法。该方法通过引入的核函数，将非线性数据通过核变换投影到维度更高的核空间，将数据转化为线性结构，然后再利用 PCA 对高维数据进行降维处理，得到故障诊断中需要的特征变量。虽然在核空间样本点维度更高，但由于并不需要显式使用转换后的高维样本，实际计算仍然在原始空间通过核函数或核矩阵进行，通过这种方法原空间的线性判别通过核变换扩展成为非线性判别。考虑特征提取与特征选择相关算法与实际工程问题相结合的可操作性，使用核主成分分析法（KPCA）适用于风电机组变桨距系统的故障诊断。

5.5.1 基于 KPCA 的变桨距系统故障诊断原理

基于 KPCA 的变桨距系统故障诊断过程包括故障检测与故障辨识两个部分。首先，构建变桨距系统训练样本集，利用 Relief 方法筛选出可表征变桨距系统故障特性的特征变量，构成变桨距系统的特征向量。然后，建立基于 KPCA 的变桨距系统故障检测模型，将特征向量输入到已建立好的离线训练模型，可计算出 T^2 和 SPE 两个统计量及其相应的控制限。在线检测过程中，若出现两个统计量超出控制限，则表明变桨距系统出现异常。一旦检测到变桨距系统有异常发生，则计算每个特征变量对 T^2 和 SPE 统计量的贡献率，对统计量 T^2 和 SPE 影响较大的变量判定为故障变量，进而实现变桨距系统的故障诊断。

5.5.2 KPCA 以及核函数参数优化

5.5.2.1 KPCA 简介

KPCA 的基本原理是：利用非线性函数 Φ 将原始低维空间数据经过非线性变换投

影到高维特征空间 $\boldsymbol{F}$ 中，在新的特征空间中进行主成分分析。将高维特征空间中 Φ 的内积运算用核函数替换，则无需知道非线性函数的具体形式即可顺利地计算出非线性主元。该方法既达到了数据降维的目的又兼顾了非线性问题，因此非常适合应用于非线性、特征变量多的系统。

假设 $X_{n \times m}$ 为一个经过标准化处理的，有 m 个变量、n 次采样值的"相关变量集"。将原输入空间 $[x_i \in \mathbf{R}^m (i=1,2,\cdots,n)]$ 映射到一个高维的特征空间 $\boldsymbol{F}$ 中进行主元分析。x_i 的映射表示为 $\Phi(x_i) = \Phi_i$，则非线性映射得到的 $\boldsymbol{F}$ 空间数据的协方差矩阵为

$$\boldsymbol{C}^{\mathrm{F}} = \frac{1}{n} \sum_{i=1}^{n} \Phi(x_i) \Phi(x_i)^{\mathrm{T}}, i=1,2,\cdots,n \tag{5.5}$$

式中　$\Phi(\cdot)$——进行非线性变换时使用的非线性映射函数。

假设协方差矩阵 $\boldsymbol{C}^{\mathrm{F}}$ 的特征值为 λ，对应的特征向量为 $\boldsymbol{V}$，可得

$$\lambda \boldsymbol{V} = \boldsymbol{C}^{\mathrm{F}} \boldsymbol{V} \tag{5.6}$$

将式（5.6）两边乘以 Φ_i 并计算内积，可等价为

$$\lambda \langle \Phi(x_k) \cdot \boldsymbol{V} \rangle = \langle \Phi(x_k) \cdot \boldsymbol{C}^{\mathrm{F}} \boldsymbol{V} \rangle, k=1,2,\cdots,n \tag{5.7}$$

存在系数 α_i，使得 $\boldsymbol{C}^{\mathrm{F}}$ 的特征向量 $\boldsymbol{V}$ 可由 Φ_i 线性表示为

$$\boldsymbol{V} = \sum_{i=1}^{n} \alpha_i \Phi(x_i) \tag{5.8}$$

由式（5.7）和式（5.8）可得

$$\lambda \sum_{i=1}^{n} \alpha_i \langle \Phi(x_k), \Phi(x_i) \rangle = \frac{1}{n} \sum_{i=1}^{n} \alpha_i \langle \Phi(x_k), \sum_{j=1}^{n} \Phi(x_j) \rangle \langle \Phi(x_j), \Phi(x_i) \rangle \tag{5.9}$$

式中，$\langle x, y \rangle$ 表示 x 与 y 的内积算子。

定义核阵 $\boldsymbol{K}$，令 $[\boldsymbol{K}]_{ij} = K_{ij} = \langle \Phi(x_i), \Phi(x_j) \rangle$，则可推出

$$\lambda n \boldsymbol{\alpha} = \boldsymbol{K} \boldsymbol{\alpha}, \boldsymbol{\alpha} = [\alpha_1, \cdots, \alpha_n]^{\mathrm{T}} \tag{5.10}$$

$\boldsymbol{\alpha}$ 是 $\boldsymbol{K}$ 的特征向量，由相关系数 $\alpha_1, \cdots, \alpha_n$ 构成并对应特征值：$\lambda_1 \geqslant \lambda_2 \geqslant \cdots \geqslant \lambda_n$。通过对 $\boldsymbol{C}^{\mathrm{F}}$ 对应的特征向量 $\boldsymbol{V}$ 进行归一化处理，可以使 $\alpha_1, \cdots, \alpha_n$ 实现归一化处理。令

$$\langle \boldsymbol{V}^k, \boldsymbol{V}^k \rangle = 1, k=1,\cdots,n \tag{5.11}$$

由式（5.8）有

$$\left\langle \sum_{i=1}^{n} \alpha_i^k \Phi(x_i), \sum_{j=1}^{n} \alpha_j^k \Phi(x_j) \right\rangle = \sum_{i=1}^{n} \sum_{j=1}^{n} \alpha_i^k \alpha_j^k \langle \Phi(x_i), \Phi(x_j) \rangle$$

$$= \sum_{i=1}^{n} \sum_{j=1}^{n} \alpha_i^k \alpha_j^k K_{ij} = \langle \boldsymbol{\alpha}_k, \boldsymbol{K} \boldsymbol{\alpha}_k \rangle = 1 \tag{5.12}$$

通过计算映射数据在特征向量 $\boldsymbol{V}^k$ 上的投影就可以求得向量 x_i 的主元

$$t_k = \langle \boldsymbol{V}^k, \Phi(x) \rangle = \sum_{i=1}^{n} \alpha_i^k \langle \Phi(x_i), \Phi(x) \rangle = \sum_{i=1}^{n} \alpha_i^k K(x_i, x) \tag{5.13}$$

由于在实际应用中映射数据为零均值，即 $\sum\limits_{i=1}^{n}\Phi(\boldsymbol{x}_i)=0$ 的条件不是永远成立的，所以需要做中心化处理，即

$$\tilde{\Phi}(\boldsymbol{x}_i)=\Phi(\boldsymbol{x}_i)-\frac{1}{n}\sum_{i=1}^{n}\Phi(\boldsymbol{x}_i) \tag{5.14}$$

式中　$\tilde{\Phi}(\boldsymbol{x}_i)$——均值中心化后的映射函数。

由于 KPCA 是用核矩阵 $\boldsymbol{K}$ 替代了样本的协方差进行特征向量分解，所以要做如下相应的核函数变换

$$
\begin{aligned}
\tilde{K}_{i,j} &= \langle \tilde{\Phi}(\boldsymbol{x}_i),\tilde{\Phi}(\boldsymbol{x}_j)\rangle \\
&= \left[\Phi(\boldsymbol{x}_i)-\frac{1}{n}\sum_{l=1}^{n}\tilde{\Phi}(\boldsymbol{x}_l)\right]^{\mathrm{T}}\left[\Phi(\boldsymbol{x}_j)-\frac{1}{n}\sum_{q=1}^{n}\Phi(\boldsymbol{x}_q)\right] \\
&= \Phi(\boldsymbol{x}_i)^{\mathrm{T}}\cdot\Phi(\boldsymbol{x}_j)-\frac{1}{n}\sum_{l=1}^{n}\Phi(\boldsymbol{x}_i)^{\mathrm{T}}\cdot\Phi(\boldsymbol{x}_j) \\
&\quad -\frac{1}{n}\sum_{q=1}^{n}\Phi(\boldsymbol{x}_i)^{\mathrm{T}}\cdot\Phi(\boldsymbol{x}_q)-\frac{1}{n^2}\sum_{l,q=1}^{n}\Phi(\boldsymbol{x}_l)^{\mathrm{T}}\cdot\Phi(\boldsymbol{x}_q) \\
&= (\boldsymbol{K}-\boldsymbol{L}_n\boldsymbol{K}-\boldsymbol{K}\boldsymbol{L}_n+\boldsymbol{L}_n\boldsymbol{K}\boldsymbol{L}_n)_{i,j}
\end{aligned} \tag{5.15}
$$

其中，$(\boldsymbol{L}_n)_{i,j}=1/n(i,j=1,2,\cdots,n)$。

均值中心化处理后的核矩阵 $\tilde{K}$ 的特征值及特征向量为

$$\tilde{n}\tilde{\lambda}\tilde{\alpha}=\tilde{K}\tilde{\alpha} \tag{5.16}$$

则相应的高维特征空间 $\boldsymbol{F}$ 中的第 k 个主元 $\tilde{\boldsymbol{t}}_k$ 可表示为

$$\tilde{\boldsymbol{t}}_k=\langle\tilde{\boldsymbol{V}}^k,\tilde{\Phi}(x)\rangle=\sum_{i=1}^{n}\tilde{\alpha}_i^k\langle\tilde{\Phi}(\boldsymbol{x}_i),\tilde{\Phi}(\boldsymbol{x})\rangle=\sum_{i=1}^{n}\tilde{\alpha}_i^k\tilde{K}(\boldsymbol{x}_i,\boldsymbol{x}) \tag{5.17}$$

5.5.2.2　核主元个数的选取

在主成分分析中，主元个数是主元模型中最重要的参数，将直接影响主成分分析对过程监控的性能。若选择的主元个数过少可能丢失输入变量中的较多信息；若选择的主元个数过多则得到的主元空间中又可能会包含较多的原始数据中的测量噪声。

一般情况下，确定主元个数需要满足以下基本原则：

（1）为了使得主元空间中包含尽可能多的信息，需要选取系统变量方差最大的方向为主元的方向。

（2）为了确保结果的正确性，主成分分析需要把原始系统变量表示在一个新的空间中，以保证系统变量尽可能小地损失信息。

累计方差贡献率（Cumulative Percent Variance，CPV）将样本协方差矩阵的特征向量依次按照特征值由大到小来进行主元排序，用以最终确定主元个数。第 i 个主元的方差贡献率 η_i 可表示为

$$\eta_i = \frac{\lambda_i}{\sum\limits_{i=1}^{m} \lambda_i} (i = 1, 2, \cdots, m) \tag{5.18}$$

那么，前 l 个主元的 CPV 可计算为

$$CPV = \frac{\sum\limits_{i=1}^{l} \lambda_i}{\sum\limits_{i=1}^{m} \lambda_i} \times 100\% \quad (l < m) \tag{5.19}$$

CPV 反映了系统变量被主元模型所代表的程度。CPV 越高，主成分分析越准确。此方法操作简便易行，是目前主成分分析法中使用最广泛的方法，同样适用于核主成分分析法。为了确保尽量少的信息损失同时还能达到减少变量、简化数据结构的目的，一般需保证 CPV>85%。

5.5.2.3　核函数选择

核函数的引入是核主成分分析的核心思想，用原始低维空间的核函数替换经过非线性变化得到的高维空间的内积，从而解决了非线性映射函数内积不容易求解的问题，核函数与向量内积的替换公式为

$$(\boldsymbol{x}_i, \boldsymbol{x}_j) \Rightarrow K(\boldsymbol{x}_i, \boldsymbol{x}_j) = \Phi(\boldsymbol{x}_i) \cdot \Phi(\boldsymbol{x}_j) \tag{5.20}$$

式中　$\boldsymbol{x}_i$、$\boldsymbol{x}_j$——原始低维空间中的数据样本点；

$K(\boldsymbol{x}_i, \boldsymbol{x}_j)$——核函数；

Φ——从原始低维空间经过非线性变换到高维特征空间的非线性映射函数。

用来代替 $\Phi(\cdot)$ 的核函数 $K(\boldsymbol{x}_i, \boldsymbol{x}_j)$ 可以根据 Mercer 定理确定，该定理的内容为：某个特征空间中内积运算可以被对称函数 $K(\boldsymbol{x}_i, \boldsymbol{x}_j)$ 替换的充要条件是对于任意不恒等于 0 且满足不等式 $\int g(x)^2 \mathrm{d}x < \infty$ 的函数 $g(x)$ 来说，满足下列关系

$$\int K(\boldsymbol{x}, \boldsymbol{y}) g(x) g(y) \mathrm{d}x \mathrm{d}y \geqslant 0 \tag{5.21}$$

每一个核函数 $K(\boldsymbol{x}_i, \boldsymbol{x}_j)$ 都能够与一个 Hilbert 空间相对应，则可以表示为对于非线性映射 $\Phi: R^{d_1} \to H^{d_2}$，进而实现核函数和非线性映射函数内积的相互转换，即

$$K(\boldsymbol{x}_i, \boldsymbol{x}_j) = \sum_{n=1}^{d_2} \Phi_n(\boldsymbol{x}_i) \cdot \Phi(\boldsymbol{x}_j) \tag{5.22}$$

表 5.5 中列举了几种常见的核函数，并给出了具体的核函数表达式。

在处理大多数问题中，RBF 核函数在预测速度和精度优于其他核函数，是目前应用较多的核函数。

表 5.5   几种常见的核函数

核函数名称	核函数表达式	核函数名称	核函数表达式
线性核函数	$K(\boldsymbol{x},\boldsymbol{y})=\langle\boldsymbol{x},\boldsymbol{y}\rangle$	高斯径向基（RBF）核函数	$K(\boldsymbol{x},\boldsymbol{y})=\exp(-\parallel\boldsymbol{x}-\boldsymbol{y}\parallel^2/\sigma^2)$
D 阶多项式核函数	$K(\boldsymbol{x},\boldsymbol{y})=[\langle\boldsymbol{x},\boldsymbol{y}\rangle+1]^d$	多层感知核函数	$K(\boldsymbol{x},\boldsymbol{y})=\tanh[v(\boldsymbol{x},\boldsymbol{y})+c]$

5.5.2.4 基于粒子群优化算法的核函数参数确定及优化

RBF 核函数具有普遍适用性且只有一个核函数参数 σ，该参数可以确定核函数局部邻域的宽度，并反映样本数据的分布特性。为确保建立一个具有良好性能的核函数，关键问题在于如何选取合适的核参数 σ。

1. 粒子群优化算法简介

由 Kennedy 和 Eberhart 提出的粒子群优化算法，是一种通过群体中个体协作和信息共享来寻找最优解的方法，来自于复杂适应系统理论与人工生命的研究。粒子群优化算法首先要初始化随机粒子，然后进行迭代寻优。粒子更新自身状态时可按照如下原则进行：

（1）按个体本身最优位置更新状态。

（2）按群体最优位置更新状态。

粒子群优化算法中对每个粒子的速度及位置进行更新的公式为

$$v_{id}=v_{id}+c_1r_1(p_{id}+x_{id})+c_2r_2(p_{gd}-x_{id}) \tag{5.23}$$

$$x_{id}=x_{id}+v_{id} \tag{5.24}$$

式中 c_1、c_2——学习因子，适当的 c_1、c_2 既可以使迭代过程快速收敛也可尽量避免陷入局部最优的问题，有实验表明，这两个学习因子取常数可得到较好的解；

r_1、r_2——介于 [0，1] 之间的随机数；

v_{id}——粒子速度，介于 [$-V_{\max}$，$V_{\max}$] 之间，粒子在每一维中都有一个最大限制速度 $V_{\max}$，$V_{\max}$ 需结合实际问题而设定，过大的 $V_{\max}$ 可能会导致粒子丢失好的解，而 $V_{\max}$ 过小会导致粒子搜索速度太慢或被局部最优解吸引而无法找到好的解；

p_{id}——第 i 个变量的个体极值的第 d 维；

p_{gd}——全局最优解的第 d 维。

惯性因子 ω 的概念于 1998 年被 Shi 和 Ebcrhart 提出，惯性因子 ω 决定了粒子先前速度对当前速度的影响程度，很好地控制了粒子的搜索范围，大大减弱了 V_{max} 的重要性。此时更新粒子状态的公式为

$$v_{id} = \omega v_{id} + c_1 r_1 (p_{id} - x_{id}) + c_2 r_2 (p_{gd} - x_{id}) \tag{5.25}$$

2. 核函数参数优化

由于核函数参数 σ 会影响所选核函数的性能，所以调整好核函数参数 σ 对提高 KPCA 方法的性能至关重要。本章所研究的核函数参数选优方法的对象为 RBF 核函数：$K(\boldsymbol{x},\boldsymbol{y}) = \exp(-\parallel \boldsymbol{x} - \boldsymbol{y} \parallel^2 / \sigma^2)$，首先需要建立基于粒子群优化算法的核函数参数优化模型。

假设在特征空间中有 x_{11}，x_{12}，$\cdots$，x_{1i} 和 x_{21}，x_{22}，$\cdots$，x_{2j} 两类特征样本，其中，$i=1,2,\cdots,n_1$，$j=1,2,\cdots,n_2$，则它们的均值向量可表示为

$$\boldsymbol{\mu}_1 = \frac{1}{n_1} \sum_{i=1}^{n_1} \Phi(\boldsymbol{x}_{1i}) \tag{5.26}$$

$$\boldsymbol{\mu}_2 = \frac{1}{n_2} \sum_{j=1}^{n_2} \Phi(\boldsymbol{x}_{2j}) \tag{5.27}$$

类内离散度的平方和为

$$s_{\sigma_1} = \sum_{i=1}^{n_1} \parallel \Phi(\boldsymbol{x}_{1i}) - \boldsymbol{\mu}_1 \parallel^2 = \sum_{i=1}^{n_1} K(\boldsymbol{x}_{1i},\boldsymbol{x}_{1i}) - \frac{1}{n_1} \sum_{i=1}^{n_1} \sum_{j=1}^{n_2} K(\boldsymbol{x}_{1i},\boldsymbol{x}_{1j}) \tag{5.28}$$

$$s_{\sigma_2} = \sum_{i=1}^{n_1} \parallel \Phi(\boldsymbol{x}_{2i}) - \boldsymbol{\mu}_2 \parallel^2 = \sum_{j=1}^{n_2} K(\boldsymbol{x}_{2j},\boldsymbol{x}_{2j}) - \frac{1}{n_2} \sum_{i=1}^{n_1} \sum_{j=1}^{n_2} K(\boldsymbol{x}_{2i},\boldsymbol{x}_{2j}) \tag{5.29}$$

类间距离的平方和为

$$s_b = \parallel \boldsymbol{\mu}_1 - \boldsymbol{\mu}_2 \parallel^2$$
$$= \frac{1}{n_1^2} \sum_{i=1}^{n_1} \sum_{j=1}^{n_1} K(\boldsymbol{x}_{1i},\boldsymbol{x}_{1j}) - \frac{2}{n_1 n_2} \sum_{i=1}^{n_1} \sum_{j=1}^{n_2} K(\boldsymbol{x}_{1i},\boldsymbol{x}_{2j}) + \frac{1}{n_2^2} \sum_{i=1}^{n_1} \sum_{j=1}^{n_2} K(\boldsymbol{x}_{2i},\boldsymbol{x}_{2j}) \tag{5.30}$$

用于粒子群优化的适应度函数为

$$F(\sigma) = (s_{\sigma_1} + s_{\sigma_2})/s_b \tag{5.31}$$

最优核函数参数的求解即为寻求适应度函数 $F(\sigma)$ 的极小值点 σ^* 的过程。大量的实验研究表明，在解决完全非线性可分问题时存在极小值点；在解决线性可分问题时，$F(\sigma)$ 随着 σ 的减小快速下降直到趋于稳定，取 $F(\sigma)$ 刚开始趋于平稳时的 σ 作为极小值点 σ^*。

根据上述介绍首先建立适应度函数，基于粒子群优化算法的核函数参数优化流程图如图 5.5 所示。

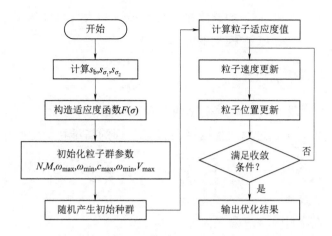

图 5.5　基于粒子群优化算法的核函数参数优化流程图

5.5.3　基于 KPCA 的故障诊断方法

5.5.3.1　基于 KPCA 的故障检测策略

PCA 方法在实现状态监控时需要计算 T^2 和 SPE 两个统计量。其中 T^2 统计量反映了样本数据与测试数据在主元平面上映射点间距离的变化情况，来自于 χ^2 分布，是对 PCA 模型内部变化情况的测量；SPE 统计量利用样本数据在残差空间投影的变化，反映某时刻测试数据对 PCA 模型的偏离程度。

基于 KPCA 的故障检测方法与 PCA 有相似之处，从本质上讲是对 PCA 进行的非线性推广。因此，在经过非线性变换得到的高维特征空间中，采用 T^2 和 SPE 统计量来监测系统的异常状况，只不过统计量的表达方式有所区别。

1. T^2 统计量

T^2 统计量表征模型内部变化的一种测度，表示为

$$T^2=[t_1,\cdots,t_l]\boldsymbol{\Lambda}^{-1}[t_1,\cdots,t_l]^{\mathrm{T}} \tag{5.32}$$

式中　t_i——降维得到的得分向量，可以由式（5.17）得到；

　　　$\boldsymbol{\Lambda}^{-1}$——主元成分对应的特征值构成对角阵的逆矩阵；

　　　l——KPCA 主元的个数。

T^2 统计量的控制限可以通过 F 分布求得

$$T^2_{\lim}=\frac{l(n-1)}{n(n-l)}F_\alpha(l,n-l) \tag{5.33}$$

式中　$F_\alpha(l,\ n-l)$——以 α 为检验水平，$(l,\ n-l)$ 为自由度的 F 分布的临界值；

　　　　n——KPCA 模型的样本数目。

2. SPE 统计量（Q 统计量）

SPE 统计量表示模型外部数据变化的一种测度，基于 KPCA 的 SPE 统计量的计算与 PCA 不同，需要在经过非线性变换后投影得到的高维特征空间中求得，即

$$SPE = \parallel \Phi(\boldsymbol{x}) - \hat{\Phi}_l(\boldsymbol{x}) \parallel^2 = \sum_{i=1}^{n} \boldsymbol{t}_i^2 - \sum_{i=1}^{l} \boldsymbol{t}_i^2 \qquad (5.34)$$

式中　l——主元个数。

SPE 统计量的控制限求解公式为

$$SPE_{\lim} = g\chi_{h,\alpha}^2 \qquad (5.35)$$

式中　g——为加权参数，$g = b/2a$；

　　　　$\chi_{h,\alpha}^2$——置信度为 α、自由度为 h 的 χ^2 分布；

　　　　h——为自由度，$h = 2a^2/b$，a 为正常工况下 SPE 的均值，b 为正常工况下 SPE 的方差。

5.5.3.2　基于贡献图法的 KPCA 故障辨识策略

基于 KPCA 的故障检测方法发展至今已经得到广泛应用，技术相对比较成熟。然而故障检测仅仅是故障诊断的第一步，在有效感知系统故障后，故障定位及系统恢复才是故障诊断的终极目标。故障定位目前是故障诊断的重点和难点，实现故障定位对故障恢复具有重要指导作用。那么在检测到系统有故障发生后，如何从众多系统变量中快速找出引发故障的故障源，在工业生产中的故障诊断中具有深入研究价值。

本书介绍一种类似于 PCA 贡献率图法的故障辨识方法来实现 KPCA 模型的故障辨识。该方法是利用每个变量对 T^2 统计量和 SPE 的贡献率不同辨识出系统的故障源，但是与 PCA 贡献率图法不同的是，它把 T^2 和 SPE 统计量分别对每个变量求偏导所得的结果作为贡献率，以此实现故障的辨识。由于该方法的辨识原理和传统 PCA 的贡献率图法类似，所以也命名为贡献率图法。

1. 核函数导数的求解

基于核函数偏导数的贡献率法进行故障辨识时，贡献率是通过 T^2 统计量和 SPE 统计量对每个变量求偏导得到的，所以首先需要了解核函数导数的求解，然后再以此为基础，推导出贡献率图法的算法。

选取高斯径向基核函数用于故障诊断研究，则存在一个虚拟比例因子可以将高斯核函数等价为

$$K(\boldsymbol{x}_j, \boldsymbol{x}_k) = K(\boldsymbol{v} \cdot \boldsymbol{x}_j, \boldsymbol{v} \cdot \boldsymbol{x}_k) = \exp(-\parallel \boldsymbol{v} \cdot \boldsymbol{x}_j - \boldsymbol{v} \cdot \boldsymbol{x}_k \parallel^2 / \sigma) \quad (5.36)$$

其中，$\boldsymbol{v} = [v_1, v_2, \cdots, v_m]^{\mathrm{T}}, v_i = 1(i = 1, 2, \cdots, m)$。

将变换后得到的核函数对第 i 个变量 v_i 求偏导得

$$\frac{\partial K(\boldsymbol{x}_j, \boldsymbol{x}_k)}{\partial v_i} = \frac{\partial K(\boldsymbol{v} \cdot \boldsymbol{x}_j, \boldsymbol{v} \cdot \boldsymbol{x}_k)}{\partial v_i}$$

$$= -\frac{1}{\sigma}(v_i x_{j,i} - v_i x_{k,i})^2 K(\boldsymbol{v} \cdot \boldsymbol{x}_j, \boldsymbol{v} \cdot \boldsymbol{x}_k)$$

$$= -\frac{1}{\sigma}(x_{j,i} - x_{k,i})^2 K(\boldsymbol{x}_j, \boldsymbol{x}_k)\big|_{v_i=1} \quad (5.37)$$

式中　$x_{j,i}$——第 j 个样本第 i 个变量所对应的值。

由式 (5.37) 对两个相乘的核函数进行求偏导计算，可得

$$\frac{\partial K(\boldsymbol{x}_j, \boldsymbol{x}_{\text{new}}) K(\boldsymbol{x}_k, \boldsymbol{x}_{\text{new}})}{\partial v_i} = -\frac{1}{\sigma}\big[(x_{j,i} - x_{\text{new},i})^2 + (x_{k,i} - x_{\text{new},i})^2\big]$$

$$\times K(\boldsymbol{x}_j, \boldsymbol{x}_{\text{new}}) K(\boldsymbol{x}_k, \boldsymbol{x}_{\text{new}}) \quad (5.38)$$

2. 统计量 T^2 和 SPE 的贡献率

由式 (5.37) 和式 (5.38)，可以用每个变量的贡献率来定义以下的统计量

$$C_{T^2, \text{new}, i} = \left|\frac{\partial T^2_{\text{new}}}{\partial v_i}\right|, C_{SPE, \text{new}, i} = \left|\frac{\partial SPE_{\text{new}}}{\partial v_i}\right| \quad (5.39)$$

式中　$C_{T^2, \text{new}, i}$、$C_{SPE, \text{new}, i}$——第 i 个变量对新的观测值 x_{new} 的 T^2 和 SPE 统计量的贡献率。

则 KPCA 模型的 T^2 统计量可以表示为

$$T^2_{\text{new}} = \boldsymbol{t}^{\mathrm{T}}_{\text{new}} \boldsymbol{\Lambda}^{-1} \boldsymbol{t}_{\text{new}} = \overline{\boldsymbol{K}}^{\mathrm{T}}_{\text{new}} \boldsymbol{\alpha} \boldsymbol{\Lambda}^{-1} \boldsymbol{\alpha}^{\mathrm{T}} \overline{\boldsymbol{K}}_{\text{new}} = \text{tr}(\boldsymbol{\alpha}^{\mathrm{T}} \overline{\boldsymbol{K}}_{\text{new}} \overline{\boldsymbol{K}}^{\mathrm{T}}_{\text{new}} \boldsymbol{\alpha} \boldsymbol{\Lambda}^{-1}) \quad (5.40)$$

式中　tr——矩阵的迹。

第 i 个变量对 T^2 统计量的贡献率为

$$C_{T^2, \text{new}, i} = \left|\frac{\partial T^2_{\text{new}}}{\partial v_i}\right| = \left|\frac{\partial}{\partial v_i}(\text{tr}(\boldsymbol{\alpha}^{\mathrm{T}} \overline{\boldsymbol{K}}_{\text{new}} \overline{\boldsymbol{K}}^{\mathrm{T}}_{\text{new}} \boldsymbol{\alpha} \boldsymbol{\Lambda}^{-1}))\right| = \left|\text{tr}\left[\boldsymbol{\alpha}^{\mathrm{T}}\left(\frac{\partial}{\partial v_i}\overline{\boldsymbol{K}}_{\text{new}} \overline{\boldsymbol{K}}^{\mathrm{T}}_{\text{new}}\right)\boldsymbol{\alpha} \boldsymbol{\Lambda}^{-1}\right]\right|$$

$$(5.41)$$

同理，SPE 统计量可以表示为

$$SPE_{\text{new}} = K(\boldsymbol{x}_{\text{new}}, \boldsymbol{x}_{\text{new}}) - \frac{2}{n}\sum_{j=1}^{n} K(\boldsymbol{x}_j, \boldsymbol{x}_{\text{new}}) + \frac{1}{n^2}\sum_{j=1}^{n}\sum_{j'=1}^{n} K(\boldsymbol{x}_j, \boldsymbol{x}_{j'}) - \boldsymbol{t}^{\mathrm{T}}_{\text{new}} \boldsymbol{t}_{\text{new}}$$

$$(5.42)$$

式 (5.42) 的第三项仅表示训练样本核函数的总和，而对新的测试数据的值没有贡献，可以忽略不计。

第 i 个变量相对于 SPE 统计量的贡献率为

$$C_{SPE,\text{new},i} = \left| \frac{\partial SPE_{\text{new}}}{\partial v_i} \right| = \left| -\frac{1}{\partial} \left(-\frac{2}{n} \frac{\partial}{\partial v_i} \sum_{j=1}^{n} K(\boldsymbol{x}_j, \boldsymbol{x}_{\text{new}}) - \frac{\partial}{\partial v_i} \boldsymbol{t}_{\text{new}}^{\mathrm{T}} \boldsymbol{t}_{\text{new}} \right) \right|$$

$$= \left| -\frac{1}{\partial} \left\{ \frac{2}{n} \frac{\partial}{\partial v_i} \sum_{j=1}^{n} K(\boldsymbol{x}_j, \boldsymbol{x}_{\text{new}}) + \mathrm{tr}\left[\boldsymbol{\alpha}^{\mathrm{T}} \left(\frac{\partial}{\partial v_i} \overline{\boldsymbol{K}}_{\text{new}} \overline{\boldsymbol{K}}_{\text{new}}^{\mathrm{T}} \right) \boldsymbol{\alpha} \right] \right\} \right| \quad (5.43)$$

$\overline{\boldsymbol{K}}_{\text{new}}$ 可用下面的矩阵表示

$$\overline{\boldsymbol{K}}_{\text{new}} = \begin{bmatrix} K(\boldsymbol{x}_1, \boldsymbol{x}_{\text{new}}) - \frac{1}{n}\sum_{j=1}^{n} K(\boldsymbol{x}_1, \boldsymbol{x}_j) - \frac{1}{n}\sum_{j=1}^{n} K(\boldsymbol{x}_{\text{new}}, \boldsymbol{x}_j) + \frac{1}{n^2}\sum_{j=1}^{n}\sum_{j'=1}^{n} K(\boldsymbol{x}_j, \boldsymbol{x}_{j'}) \\ K(\boldsymbol{x}_2, \boldsymbol{x}_{\text{new}}) - \frac{1}{n}\sum_{j=1}^{n} K(\boldsymbol{x}_2, \boldsymbol{x}_j) - \frac{1}{n}\sum_{j=1}^{n} K(\boldsymbol{x}_{\text{new}}, \boldsymbol{x}_j) + \frac{1}{n^2}\sum_{j=1}^{n}\sum_{j'=1}^{n} K(\boldsymbol{x}_j, \boldsymbol{x}_{j'}) \\ \cdots \\ K(\boldsymbol{x}_n, \boldsymbol{x}_{\text{new}}) - \frac{1}{n}\sum_{j=1}^{n} K(\boldsymbol{x}_n, \boldsymbol{x}_j) - \frac{1}{n}\sum_{j=1}^{n} K(\boldsymbol{x}_{\text{new}}, \boldsymbol{x}_j) + \frac{1}{n^2}\sum_{j=1}^{n}\sum_{j'=1}^{n} K(\boldsymbol{x}_j, \boldsymbol{x}_{j'}) \end{bmatrix}$$

$$(5.44)$$

$\overline{\boldsymbol{K}}_{\text{new}}$ 的二、四两项相对于测试数据而言是常数，令

$$a_p = \frac{1}{n} \sum_{j=1}^{n} K(\boldsymbol{x}_p, \boldsymbol{x}_j) \quad (5.45)$$

$$A = \frac{1}{n^2} \sum_{j=1}^{n} \sum_{j'=1}^{n} K(\boldsymbol{x}_j, \boldsymbol{x}_{j'}) \quad (5.46)$$

故 $\overline{\boldsymbol{K}}_{\text{new}} \overline{\boldsymbol{K}}_{\text{new}}^{\mathrm{T}} \in \mathbf{R}^{n \times n}$ 的每个元素可以表示为

$$(\overline{\boldsymbol{K}}_{\text{new}} \overline{\boldsymbol{K}}_{\text{new}}^{\mathrm{T}})_{pq} = K(\boldsymbol{x}_p, \boldsymbol{x}_{\text{new}}) K(\boldsymbol{x}_q, \boldsymbol{x}_{\text{new}}) + (A - a_q) K(\boldsymbol{x}_p, \boldsymbol{x}_{\text{new}}) + (A - a_p) K(\boldsymbol{x}_q, \boldsymbol{x}_{\text{new}})$$

$$- \frac{2}{n} \sum_{j=1}^{n} K(\boldsymbol{x}_j, \boldsymbol{x}_{\text{new}}) \left[K(\boldsymbol{x}_p, \boldsymbol{x}_{\text{new}}) + K(\boldsymbol{x}_q, \boldsymbol{x}_{\text{new}}) \right]$$

$$+ \frac{2}{n} (a_p + a_q - 2A) \sum_{j=1}^{n} K(\boldsymbol{x}_j, \boldsymbol{x}_{\text{new}})$$

$$+ \frac{1}{n^2} \sum_{j=1}^{n} \sum_{j'=1}^{n} K(\boldsymbol{x}_j, \boldsymbol{x}_{\text{new}}) K(\boldsymbol{x}_{j'}, \boldsymbol{x}_{\text{new}}) \quad (5.47)$$

$\overline{\boldsymbol{K}}_{\text{new}} \overline{\boldsymbol{K}}_{\text{new}}^{\mathrm{T}}$ 的偏导数为

$$\frac{\partial (\overline{\boldsymbol{K}}_{\text{new}} \overline{\boldsymbol{K}}_{\text{new}}^{\mathrm{T}})_{pq}}{\partial v_i} = -\frac{1}{2\sigma^2} \Big[\{ (x_{p,i} - x_{\text{new},i})^2 + (x_{q,i} - x_{\text{new},i})^2 \} \times K(\boldsymbol{x}_p, \boldsymbol{x}_{\text{new}}) K(\boldsymbol{x}_q, \boldsymbol{x}_{\text{new}})$$

$$+ (A - a_q)(x_{p,i} - x_{\text{new},i})^2 K(\boldsymbol{x}_p, \boldsymbol{x}_{\text{new}})$$

$$+ (A - a_p)(x_{q,i} - x_{\text{new},i})^2 K(\boldsymbol{x}_q, \boldsymbol{x}_{\text{new}})$$

$$- \frac{1}{n} \sum_{j=1}^{n} \{ (x_{j,i} - x_{\text{new},i})^2 + (x_{p,i} - x_{\text{new},i})^2 \} \times K(\boldsymbol{x}_j, \boldsymbol{x}_{\text{new}}) K(\boldsymbol{x}_p, \boldsymbol{x}_{\text{new}})$$

$$- \frac{1}{n} \sum_{j=1}^{n} \{ (x_{j,i} - x_{\text{new},i})^2 + (x_{q,i} - x_{\text{new},i})^2 \} \times K(\boldsymbol{x}_j, \boldsymbol{x}_{\text{new}}) K(\boldsymbol{x}_q, \boldsymbol{x}_{\text{new}})$$

$$+ \frac{1}{n}(a_p + a_q - 2A) \sum_{j=1}^{n}(x_{j,i} - x_{\text{new},i})^2 K(\boldsymbol{x}_j, \boldsymbol{x}_{\text{new}})$$

$$+ \frac{1}{n^2} \sum_{j=1}^{n} \sum_{j'=1}^{n} \left[(x_{j,i} - x_{\text{new},i})^2 + (x_{j',i} - x_{\text{new},i})^2 \right]$$

$$\times K(\boldsymbol{x}_j, \boldsymbol{x}_{\text{new}}) K(\boldsymbol{x}_{j'}, \boldsymbol{x}_{\text{new}}) \tag{5.48}$$

由于 $C_{T^2,\text{new},i}$ 和 $C_{SPE,\text{new},i}$ 两个指标在理论上没有限值，所以需要对它们进行标准化处理，即使得它们满足 $\sum_{i=1}^{m} C_{T^2,\text{new},i} = 1$ 且 $\sum_{i=1}^{m} C_{SPE,\text{new},i} = 1$。

当系统监测到有故障发生时，需要根据以上提出的贡献率法找出引发故障的故障源，可以根据变量对 T^2 统计量和 SPE 统计量的贡献率不同进行故障辨识，即 $C_{T^2,\text{new}}$ 和 $C_{SPE,\text{new}}$ 较大的变量就可以被认为是故障源。

5.5.3.3 基于 KPCA 的故障诊断

基于 KPCA 的故障诊断包括 KPCA 模型建立、在线故障检测及故障辨识三部分，具体流程如图 5.6 所示。

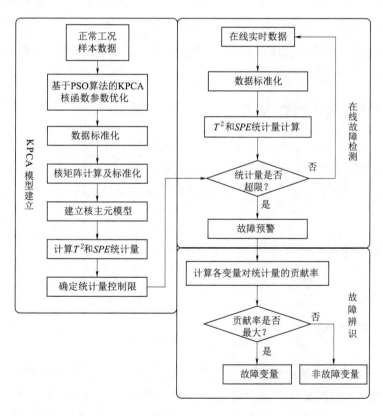

图 5.6 基于 KPCA 的故障诊断流程图

1. KPCA 模型建立

（1）选取正常工况下的相关运行参数进行标准化处理，构成训练样本集。

（2）建立基于 PSO 的核函数参数选优模型，应用 PSO 算法对其寻优。

（3）标准化后，根据式 $\boldsymbol{K}_{ij}=[K(\boldsymbol{x}_i,\boldsymbol{x}_j)]=\langle\Phi(\boldsymbol{x}_i),\Phi(\boldsymbol{x}_j)\rangle$ 计算核矩阵 $\boldsymbol{K}$ 并对其进行均值中心化。

（4）在正常工况下，根据式（5.17）提取非线性主元并建立起非线性核主元模型。

（5）进行正常工况下样本数据的 T^2 统计量和 SPE 统计量的求解计算。

（6）分别求出 T^2 和 SPE 两个统计量的控制限 T_α^2 和 SPE_α。

2. 基于 KPCA 的在线故障检测

（1）根据已求出的正常工况下的样本均值和方差，标准化实时观测数据并构成特征向量集。

（2）利用步骤（1）中标准化的观测数据，计算核矩阵 $\boldsymbol{K}_t$ 并对其均值中心化。

（3）将观测数据输入到已建立的核主元模型中，计算 T^2 统计量和 SPE 统计量。

（4）监控 T^2 统计量和 SPE 统计量的变化情况，若超过控制限则表明有故障发生；反之，则运行在正常工况。

3. 基于贡献图法的 KPCA 故障辨识

当检测到系统有故障发生时，需要进一步通过基于贡献图法的 KPCA 故障诊断方法辨识出故障源。具体地，可以认为变量对统计量 T^2 和 SPE 的贡献率较大者即为引发故障的变量，这就是基于贡献图方法的故障变量的判别准则。

5.6　案例分析

5.6.1　数据提取

为了验证 KPCA 在风电机组变桨距系统故障诊断方面的有效性和可行性，按照已构建的风电机组变桨距系统观测向量 $\boldsymbol{A}$ 中的特征变量，选取某风电场 SCADA 系统记录的 2016 年 3—4 月某风电机组变桨距系统的特征变量运行数据，并根据 2016 年 3 月 25 日—4 月 1 日期间该风电机组的故障报警以及停机记录，将故障停机以及低风速停机时段的相关数据从样本数据中剔除，得到正常工况下风电机组变桨距系统的 3000 个特征变量数据。取其中的前 2500 个数据作为训练样本，后 500 个数据作为观测数据。部分变桨距系统的特征变量样本数据见表 5.6。

表 5.6 部分变桨距系统的特征变量样本数据

叶片1桨距角/(°)	叶片2桨距角/(°)	叶片3桨距角/(°)	变桨电机1驱动电流/A	变桨电机2驱动电流/A	变桨电机3驱动电流/A	风速/(m/s)	变桨电机1转速/(r/min)	变桨电机2转速/(r/min)	变桨电机3转速/(r/min)
3.01	4.72	4.87	40.3	41.13	42.01	8.5	32.03	34.33	33.45
3.46	3.47	3.4	41.4	40.35	41.34	5.54	32.2	34.24	33.45
3.06	4.8	4.92	41.35	42.55	42.31	5.32	34.01	33.11	33.45
2.63	2.59	2.56	41.22	41.02	42.02	5.21	32.02	32.14	33.45
4.08	3.85	4.01	40.3	42.3	40.17	5.14	32.02	32.14	32.74
1.52	1.48	1.38	40.65	41.45	41.15	5.92	32.02	32.14	32.74
3.83	3.65	3.77	41.23	42.53	40.37	8.33	34.12	33.57	31.83
3.13	3.15	3.06	40.55	41.21	41.55	5.83	34.12	33.57	31.83
1.52	1.5	1.45	41.2	42.21	42.28	5.13	34.12	33.57	31.83
3.02	4.75	4.91	40.7	41.07	41.7	5.33	34.12	33.57	31.83
3.35	3.07	3.22	40.63	42.3	42.03	8.41	31.66	32.63	33.14
4.67	4.7	4.63	40.26	41.35	41.16	9.02	34.61	34.52	33.14
3.47	3.5	3.43	41.8	41.72	42.31	5.9	34.61	34.52	33.14
3.2	3.23	3.16	40.33	42.53	41.34	5.79	34.61	34.34	33.14
3.03	4.74	4.96	41.4	42.3	40.4	5.73	32.13	34.34	34.55
3.48	3.49	3.42	40.25	41.21	42.23	5.65	32.13	34.34	34.55
3.05	2.77	2.86	40.26	41.27	41.22	5.71	32.22	33.12	33.67
1.51	1.5	1.45	41.7	42.11	42.37	5.8	32.22	33.12	33.67
1.51	1.48	1.38	41.53	42.73	40.67	5.55	32.22	33.12	33.67
2.54	2.69	2.33	42.64	43.16	41.22	8.56	31.54	31.61	32.74
2.71	2.81	2.65	42.31	43.28	41.53	8.47	31.53	31.67	32.74
...	...	...	...	...	...	...	...	...	...
3.28	3.41	4.04	40.13	40.38	41.74	5.23	32.36	33.58	33.72
3.43	3.55	3.87	40.57	40.61	41.43	5.16	32.41	33.14	33.61
3.52	3.57	3.94	40.12	41.09	41.54	5.22	32.34	33.23	33.61

5.6.2 基于 PSO 的核函数参数优化

RBF 核函数只有一个对函数性能产生影响的核参数 σ，σ 既反映了样本数据的分布特性，也确定了局部邻域的宽度。大量的数值实验表明，核函数参数 σ 选取的好坏直接关系到核学习的性能。如果 σ 选取过大，则会扩大样本的"势力范围"，导致一些关系不大或者毫无关系的样本数据影响到对测试数据的正确判断；而过小的 σ 也会影响核学习的性能而导致对测试数据无法正确判断。所以，为了达到更好的故障检测效果，在建立基于 KPCA 的变桨距系统故障检测模型之前，需要先对径向基函数参数 σ 进行寻优，以保证建立的核函数方法具有良好的性能。采用粒子群优化算法对核参数进行优化时的参数设置见表 5.7。

表 5.7　　　　　　　　　　　粒子群优化算法参数设置表

参数项目	粒子数 N	惯性权重		学习因子		最大迭代次数 M	最大限制速度 V_{max}
		ω_{max}	ω_{min}	C_{max}	C_{min}		
参数设置值	20	1.2	0.4	2	0.5	50	1

通过寻优得到正常工况下训练样本的径向基函数宽度值 σ，这些最优值作为建立基于 KPCA 的变桨距系统故障检测模型的参数设置依据。图 5.7 即为适应度函数和核参数宽度的寻优过程。

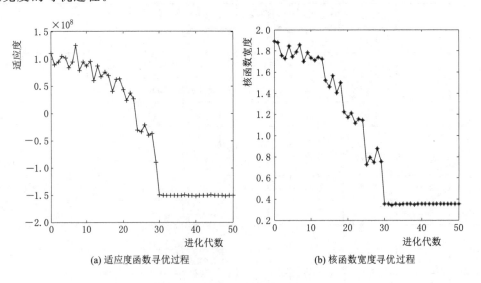

(a) 适应度函数寻优过程　　　　　　　　(b) 核函数宽度寻优过程

图 5.7　适应度函数和核参数宽度的寻优过程

从图 5.7 中清晰可见，在适应度函数的寻优过程中，进化代数在 50 代以内即可寻到最优值。当进化到 30 代左右时，适应度函数收敛到极小值，$F(\sigma)$ 取得最优值，确保核主成分分析过程中两类特征样本的类间距离最大而类内离散度最小，此时 $\sigma=0.3652$。

5.6.3 系统故障诊断建模

(1) 对已提取的变桨距系统观测向量 A 的 2500 个训练样本进行标准化处理。

(2) 利用基于 PSO 方法寻优得到的 RBF 核参数 σ 和标准化后的训练样本，根据 $\boldsymbol{K}_{ij}=[K(\boldsymbol{x}_i,\boldsymbol{x}_j)]=\langle\Phi(\boldsymbol{x}_i),\Phi(\boldsymbol{x}_j)\rangle$ 计算核矩阵 $\boldsymbol{K}$。

(3) 利用式 $\tilde{\boldsymbol{K}}_{i,j}=(\boldsymbol{K}-\boldsymbol{L}_n\boldsymbol{K}-\boldsymbol{K}\boldsymbol{L}_n+\boldsymbol{L}_n\boldsymbol{K}\boldsymbol{L}_n)_{i,j}$ 对核矩阵 $\boldsymbol{K}$ 进行均值中心化处理。

(4) 利用式 $n\lambda\boldsymbol{\alpha}=\boldsymbol{K}\boldsymbol{\alpha}$，计算核矩阵 $\boldsymbol{K}$ 的特征值及观测向量，并标准化 $\boldsymbol{\alpha}_k$，使 $\langle\boldsymbol{\alpha}_k,\boldsymbol{\alpha}_k\rangle=1$。

(5) 通过式 $\tilde{t}_k=\langle\tilde{\boldsymbol{V}}^k,\tilde{\Phi}(x)\rangle=\sum_{i=1}^n\tilde{\alpha}_i^k\langle\tilde{\Phi}(\boldsymbol{x}_i),\tilde{\Phi}(\boldsymbol{x})\rangle=\sum_{i=1}^n\tilde{\alpha}_i^k\tilde{K}(\boldsymbol{x}_i,\boldsymbol{x})$，对正常工况下的样本数据提取非线性主元，并计算正常工况下样本数据的 T^2 统计量和 SPE 统计量。

(6) 确定 T^2 统计量和 SPE 统计量相应的控制限 T_α^2 和 SPE_α。

(7) 对于选取的样本数据进行反复训练，最终得到变桨距系统故障检测模型。

5.6.4 对比分析

1. 算例分析 1

2016 年 4 月 12 日 16:35，风电机组发生了紧急停机事故。在故障发生的前 10min，风速在 5.3~8.5m/s 之间波动，风速在额定风速以下，变桨距系统应该实现最大风能捕获。风电机组 SCADA 系统所报故障见表 5.8。

表 5.8　　风电机组在 2016 年 4 月 12 日 16:35 所发生故障

时　刻	机组所报故障	时　刻	机组所报故障
2016-4-12 16:35	变桨电机 1 温度过高	2016-4-12 16:35	变桨电机 2 驱动电流过流
2016-4-12 16:35	变桨电机 2 温度过高	2016-4-12 16:35	变桨电机 3 驱动电流过流
2016-4-12 16:35	变桨电机 3 温度过高	2016-4-12 16:35	变桨角度不对称
2016-4-12 16:35	变桨电机 1 驱动电流过流	2016-4-12 16:35	变桨紧急停机模式故障

　　从表 5.8 可以看出,这是一个连锁故障,从风电机组 SCADA 系统的故障日志也不能准确判断风电机组的具体故障源及损坏器件。经过维修人员现场检查,确定发生的情况是在 2016 年 4 月 12 日 16:35,变桨电机驱动电流过大,导致变桨电机温度过高,进而引发了变桨角度不对称故障,致使风电机组启动了紧急停机模式。

　　越是在接近故障发生时刻,信号特征越明显,因此选取风电机组发生变桨故障时刻大约前半小时内的 500 个数据,构建故障检测观测向量 $\boldsymbol{A}$。其中前 350 个为风电机组正常工况下的运行数据,后 150 个为故障发生时的数据。将包含 500 个采样点的观测向量 $\boldsymbol{A}$ 输入到变桨距系统故障诊断模型中,进行故障检测方法验证,检测结果如图 5.8 和图 5.9 所示。

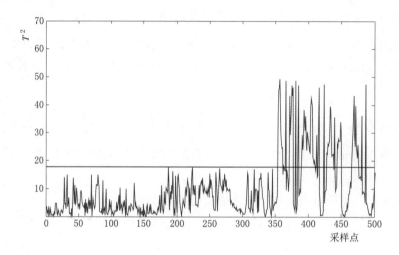

图 5.8　基于 KPCA 的 T^2 统计量监控图

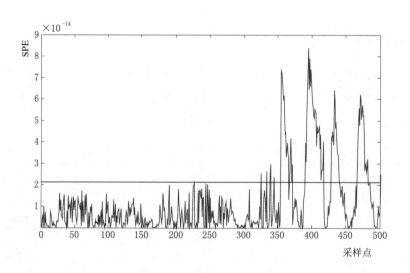

图 5.9　基于 KPCA 的 SPE 统计量监控图

从图 5.8 和图 5.9 中可以看到，自 340 点开始，SPE 统计量开始频繁出现超过控制限的现象，预示着风电机组变桨距系统将会有故障发生，验证了变桨距系统发生紧急停机的前一段时间已经处于异常运行状态。而在 360 点之后 T^2 和 SPE 统计量的值都出现远远超过阈值的情况，可以判断变桨距系统在该时刻发生故障。

检测出变桨距系统有故障后，进一步采用基于贡献图法的 KPCA 故障诊断方法进行故障辨识，根据故障发生后每个变量对监控统计量贡献程度的不同辨识出故障源，从而实现变桨距系统的故障辨识，贡献率曲线如图 5.10 和图 5.11 所示。

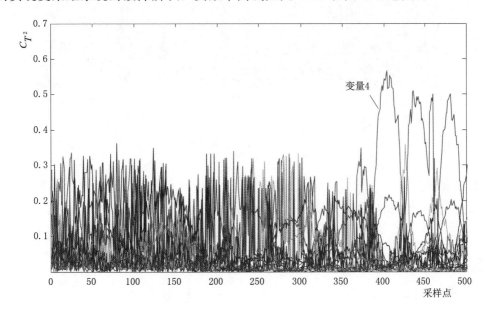

图 5.10　C_{T2} 的贡献率曲线

由图 5.10 和图 5.11 可以清楚地看到，在 360 点附近，即故障发生之后，变量 4 的贡献率突然变大，且明显高于其他变量的贡献率，可以认定在特征向量数据 360 点处出现的变桨距系统故障主要是由变量 4 引起的，即"变桨电机 1 驱动电流"过大所导致，而该故障辨识结果与 SCADA 系统的监测记录保持一致，验证了该方法的有效性。

2. 算例分析 2

2016 年 5 月 9 日 09：13，风电机组 SCADA 系统报出轮毂驱动异常故障。分析风电机组的运行数据发现，在故障发生前较长一段时间内，变桨电机转速都在 1300r/min 以上，因此判断风电机组发生故障的实际原因应是变桨电机转速过高，进而引发了轮毂驱动异常故障。

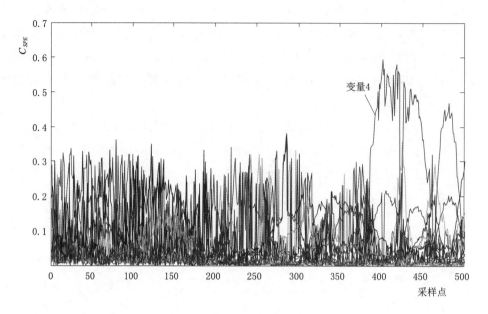

图 5.11　C_{SPE} 的贡献率曲线

仍然为观测向量 **A** 的每个特征变量选取在故障发生前后共计 500 个检测数据点，并输入到变桨距系统故检测模型中，得到检测结果如图 5.12 和图 5.13 所示。

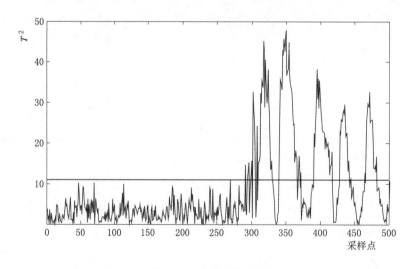

图 5.12　基于 KPCA 的 T^2 统计量监控图

由图 5.12 和图 5.13 的检测结果可知，从第 290 个数据点开始，SPE 统计量开始频繁出现超限现象，而到了第 300 个数据点处，T^2 统计量和 SPE 统计量的值都出现远超控制限阈值的情况，可以判断变桨距系统此时发生了故障。

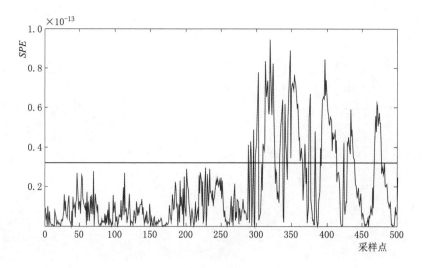

图 5.13 基于 KPCA 的 SPE 统计量监控图

检测到变桨距系统有故障发生后，基于贡献图法的故障辨识结果如图 5.14 和图 5.15 所示。

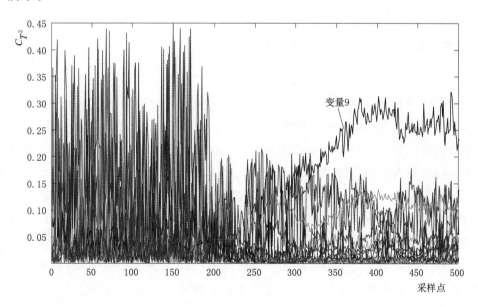

图 5.14 C_{T^2} 的贡献率曲线

由图 5.14 和图 5.15 可以清楚地看到在 300 点附近，变量 9 的贡献率突然变大，且明显高于其他变量的贡献率，由此判定在观测向量数据 300 点处出现的变桨距系统故障主要是由变量 9 引起的，即"变桨电机 2 转速过高"所致，该故障辨识结果与 SCADA 系统的监测记录保持一致，验证了此方法的有效性。

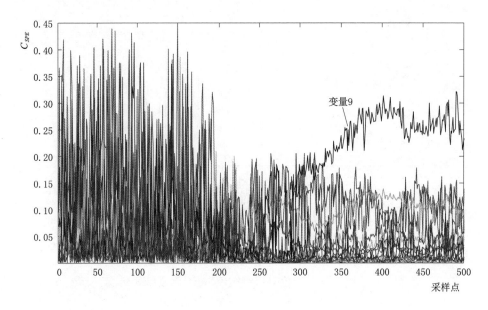

图 5.15　C_{SPE} 的贡献率曲线

5.7　小结

　　基于 KPCA 的风电机组变桨距系统故障诊断方法能够克服风电机组变桨距系统的相关参数多、非线性及精确建模困难等问题，实现该系统的故障检测。而 Relief 方法选择的最优特征变量集不仅适用于变桨距系统故障诊断还可以提高基于 KPCA 的变桨距系统故障诊断方法的快速性和准确性；应用基于 PSO 的核函数参数寻优，获得了最优核函数参数，可提高故障检测的准确程度；在故障检测基础上，基于改进的贡献率图法实现了变桨距系统的故障辨识。本章以风电机组变桨距系统故障诊断最优特征变量集为基础，基于 KPCA 的变桨距系统故障诊断方法进行了变桨距系统故障检测与辨识，实现了变桨距系统的故障诊断。应用风电机组 SCADA 系统记录的风电机组运行数据和故障信息开展了仿真研究，验证了利用 KPCA 的风电机组变桨距系统故障诊断方法的有效性。

第6章

风轮不平衡运行性能分析

风轮系统是风电机组进行能量转换的重要部分，其运行稳定性直接关系到风电机组的安全和效率，还会影响风电机组的发电量和发电质量。风轮不平衡故障分为质量不平衡和气动不平衡两种。质量不平衡一般是发生了三个叶片的质量不均匀、叶片旋转发生偏心矩导致施加到主轴的旋转力矩不平衡。诱因多数为：冬季覆冰、叶片加工制造误差、材质不均匀、配重质量块脱落等；或海上自然环境恶劣，叶片表面磨损、潮湿腐蚀等造成表面材质的破坏；或叶片由于承受交变载荷产生疲劳裂纹，灰尘、杂物进入而导致雷击或沙眼等。气动不平衡通常为三个叶片的桨距角不一致，由原始叶片安装角度偏差，或独立变桨距控制引发的变桨距动作不一致等原因引发的气动力不均匀现象。

风轮不平衡为风电机组运行的隐性故障，一般不容易发现，一旦发生，将对风电机组运行性能造成大的损害。相关研究表明，覆冰等质量不平衡故障发生严重情况下将导致 85％的输出功率下降，气动不平衡引发传动轴系振动，增加大部件疲劳，影响发电效率的同时大大增加了风电机组的灾害性概率，影响寿命。因此及时预警和故障定位，是故障诊断的一项关键技术。然而风电机组风轮不平衡故障隐患涉及风速、桨距角、电机转速、功率输出、偏航、塔影效应、风切变等耦合多变量变化特征，属于复杂非线性系统，依靠数据累积的变化特征，基于数据驱动等信息挖掘算法可以进行风电机组状态异常识别，但无法实现故障准确定位。对力学或电学测量信号进行时域和频域内的分析处理，结合机理解析模型，进行反向故障推理，实现风轮不平衡故障源的准确追踪和定位具有可行性，是当前研究所未深入涉及领域，需要科学、系统的研究和分析。

针对上述论述，本章从分析动力学机理出发，研究风轮不平衡的力学影响特性，并建立 Bladed 仿真模型进行分析，针对其信号分析结果进行故障甄别，为进一步的故障定位奠定基础。

6.1　风轮不平衡特性

6.1.1　风轮不平衡故障诱因分析

风轮不平衡主要包括风轮质量不平衡和风轮气动不平衡两方面，其中：风轮质量不平衡，产生于质量分布不均；风轮气动不平衡，产生于桨距角偏差或叶片翼型发生变化。风轮不平衡故障诱因分析如下：

1. 风轮质量不平衡

在正常理想情况下，三个叶片的质量相等，重心对称，在风轮主轴处不会产生偏心转矩，此时风轮质量是平衡的。但是由于叶片加工制造误差、材质不均匀、配重质量块脱落等原因，会使得各叶片质量不同。另外，风电机组一般位于距地面几十米甚至上百米的高空，地处户外或海上，自然环境恶劣，磨损、潮湿腐蚀等会造成表面材质的破坏，日积月累叶片质量和重心发生改变，并在风轮主轴处产生不平衡转矩，造成风轮质量不平衡。除此之外，叶片由于承受交变载荷很容易产生疲劳裂纹，伴随着灰尘、杂物或雨水等物质的进入导致裂纹加剧。叶片覆冰、雷击、沙眼等也会引起风轮质量的不平衡。

风电机组发生风轮不平衡故障会造成叶片和轮毂的载荷增加，增加风电机组部件的磨损，增强机舱和塔架的振动，严重影响风电机组的机械寿命；还会造成风电机组发电功率的波动，年发电量的降低；使发电机转速波动，进而使发电机电流产生谐波，影响发电质量；谱曲线均出现连续尖峰，且平均幅值大于正常状态。

2. 风轮气动不平衡

在保证加工精度，以及正确安装且没有控制误差时，三个叶片的桨距角一致，均能捕获到最大风能，并且三个叶片所受的气动力和气动转矩均相等，风轮气动力对称。风电机组的风轮气动不平衡实际是指三个叶片的气动转矩分布不均匀，其原因可能是现场吊装叶片时，叶片初始安装角错误；叶片出厂时零位线标记错误；随着变桨距系统的累计误差，三个叶片出现桨距角差异过大等。这意味着单个叶片在相同的风廓线作用下不会产生相同的推力和切向力。风轮气动不对称会改变风轮主轴旋转中心，从而引起风电机组轴系振动，加剧叶片、轴承、齿轮等部件的疲劳，若长期运行会对风电机组产生非常大的危害。

风轮气动不平衡将对风电机组运行性能产生影响。德国 ISET 研究所前期研究指出，气动力不对称故障会引起塔架的振动信号出现一倍频分量，造成塔架前后方向的振动。有试验表明，风电机组处于气动不平衡时，轴向振动幅度变化明显，振动均值增大数倍，且随着风速增大而逐渐增加。在未安装状态监测系统（CMS）的风电机组上，只有当风轮以接近风力发电机的本征频率旋转而引起风电机组非常明显的振动，甚至已经造成风电机组传动链系统损坏时才能检测到风轮不平衡。安装有 CMS 的风电机组，分析监测信号会发现风轮的旋转频率增加，它在傅里叶谱中的倍数可以表明风轮存在不平衡。

6.1.2　风轮不平衡的故障诊断方法

风轮不平衡故障诊断流程如图 6.1 所示，分为故障感知（异常识别）、故障分类（区分质量不平衡故障和气动不平衡故障）、故障定位（确定故障的程度和位置）三个步骤。第一步，通过表征现象分析或检测，发现存在故障现象；第二步，通过信号处理或数据挖掘与分析，甄别故障类型，进行故障分类；第三步，准确定位故障发生位置、角度偏差量或重量偏差位置。

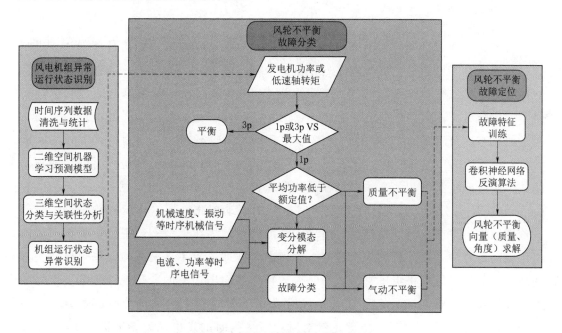

图 6.1　风轮不平衡故障诊断流程

1. 故障感知

（1）直接检测。直接检测就是安装传感器等检测元件进行测量，直接检测方法的研究有 Wernicke J. 等使用光纤光栅应变传感器对叶片进行实时形变检测；Dunkers J. P. 等采用光学成像术，探测叶片内部裂纹缺陷；Dutton A. G. 等基于声发射原理对叶片进行状态监测。但检测手段昂贵、安装复杂、易产生故障维护，难以经济适用。

（2）间接检测。获取可测量信号，通过数据挖掘方法，推断故障发生。间接检测方法更具有适应性，要基于风轮不平衡故障发生会导致什么可测量的响应来设计，数据驱动的异常辨识方法和信号处理频域分析方法为两种主流方法的代表。如：

1）数据驱动的异常辨识方法。Davis 等基于四个不同风电场风轮结冰与非结冰态运行数据，构造了分位数等三种功率曲线异常判据，研究了判断风轮结冰的阈值域确定方法，针对风轮发生了质量不平衡的结冰异常状态进行故障判别。Skrimpas 等采用 k - nearest neighbours（KNN）法，基于历史经验数据，对风电功率曲线进行异常判别。此类方法都依赖经验数据，虽对异常识别有贡献，但无法完成故障定位。

2）信号处理频域分析方法分为提取传动轴系或载荷受体（机舱底盘）的机械脉动信号（如振动、转速等）和提取电气参量信号（如发电机电流、功率等）两种。有研究表明，无论何种时间序列变化信号，都与风电机组风轮旋转频率呈倍频周期变化关系，可实现异常判断，在此基础上基于频域的关联性来实现故障隔离。

2. 故障分类

故障分类通常分两种渠道来实现，一种通过故障感知提取出的信号处理结果进行数据挖掘，基于可测信号的时间序列分析结果判断其与故障类别的关联性，从而进行故障分类。第二种单纯通过 SCADA 系统或 CMS 系统采集实时数据与历史数据进行自学习故障分类。国内外研究学者有丰富的相关经验积累。振动信号的处理与故障分类的研究有：丹麦 Riso 实验室于 1993 年便开展了风轮载荷和气动力特性关系的实验研究；德国 ISET（Institute for Solar Energy Suply Technology）研究所针对风轮不平衡故障的诊断机制、相关算法以及在线故障监测系统开发等做出贡献；Caselitz P. 和 Giebhardt J. 等分析了风轮不平衡故障时机舱的振动变化情况，建议机舱振动信号作为诊断风轮不平衡故障的信号源；清华大学的蒋东翔等在模拟实验平台上采集了风电机组振动信号的频域分析结果，提取振频模态，推理风轮不平衡故障；华中科技大学的杨涛等分析了风电机组不平衡故障时振动特性和输出功率的变化规律。电类信号的处理与故障分类研究有：美国 Purdue 大学 Kusnick 等基于发电机功率信号频域分析判断故障分类；Jeffries W. Q. 等也针对风轮不平衡时的发电功率特征进行 FFT 频域分析；Tsai C. S. 等利用小波变换方法对功率谱特征进行提取，归类故障；Derek J. G. 和 Wei Qiao 等针对永磁直驱风电机组模型，分析了两种不平衡故障下发电机输出功率的变化特点。以上研究成果有个性差异，也有共性特点，共性是都是基于时域和频域的结合方法进行故障分类，差别是针对传感器信号的提取和傅里叶或小波等频域分析方法应用各有不同。如基于采集数据的信息挖掘与故障分类，Hasmat Malik 等同时提出了基于人工智能学习和支持向量机的故障分类方法，在小样本上实现较高精度；Andrew Kusiak 和 Anoop Verma 研究了五种数据挖掘算法，准确预测叶片变桨距系统并实现故障判别；李辉、Joshuva. A、郭慧东、黎少辉、王宇鹏、德国风能研究所的 Cacciola 等学者，都在应用 SCADA 系统等数据采集系统中的风速、功率、转速、电流、桨距角等实时和历史数据，进行了风电机组故障分类模型的建立，实现了有效的故障预警。在此过程中，基于概率论的统计方法和支持向量机、神经网络等人工智能算法充分发挥了作用。

3. 故障定位

故障定位就是判断故障发生的具体程度和位置，为实施主动容错控制创造条件。风轮不平衡故障中，气动不平衡和质量不平衡都会导致传动轴系机械参数和发电系统的电参数变化，从结果反向推演故障发生原因，结果并不唯一，因此从故障反向推理角度，认为实现此类故障定位问题为不适定问题。鉴于风电机组为多自由度的动力学体系，其存在很强的非线性耦合关系，针对非线性不适定问题的求解需要探索一些新的方法。澳大利亚的 Ronny R. 和 Jenny N. 等分析了风轮质量不平衡和气动不对称与机舱振动的关系，尝试利用非线性规划理论从机舱的振动数据中逆向推算质量不平衡因子与气动不平衡的桨距角误差映射关系，基于非线性正则化理论，反向推理求解塔架振动信号到风轮不平衡的故障定位关系，为精确的故障定位进行了前期探索研究，但这种方法需要建立风电机组精确的解析模型并具有很强的数学基础，在研究上存在一定的困难。在大数据迅速发展的当下，如果能有效利用机器学习和数据挖掘技术实现风轮不平衡故障准确定位就可以解决前述困难。风轮不平衡故障特征的提取是应用流行技术实现故障诊断，达到故障精确定位的基础和重点。根据对上述学者研究成果的总结发现，风轮不平衡故障会引起风电机组气动特性的改变，进而造成风电机组机舱、传动轴及塔筒等部件振动特性的改变，因此对风电机组在不平衡故障下的气动特性的研究就显得尤为重要。

6.2 风轮不平衡状态下风电机组的气动模型

根据风电机组的空气动力学和结构动力学原理以及传动原理和发电机原理，可构建风电机组的气动模型，如图 6.2 所示，风轮不平衡故障下风电机组模型由 6 部分组成。风速模型为风电机组提供风轮转矩。风电机组气动力模型用于计算作用在叶片上的气动载荷。该气动载荷作为塔架振动模型的输入时，可计算在不平衡故障下塔架所发生的前后、左右及扭转振动，风轮的不平衡与塔架的形变振动交互影响，不平衡故障会造成塔架在各方向的振动，而塔架在各方向上的振动又会造成风轮上产生诱导速度。坐标变换模型可计算风轮不平衡故障下塔架的振动位移及诱导速度在各叶素上的相对速度，进而对各叶片利用叶素动量理论进行受力及载荷分析。传动链模型是风轮与风力发电机之间的连接机构，用于计算传动链系统风轮、主轴、联轴器、发电机、主机架等各组成部分的机械信号，利用风轮转矩通过该模型得到风轮转速信号，并通过发电机模型得到发电机输出的电信号。风电机组运行时，各部位会产生不同的振动情况，其产生振动的原因与结果复杂多变，通过机组振动模型便可得到更加贴近实际运行情况的结果。

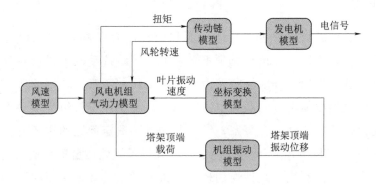

图 6.2　风轮不平衡状态下风电机组的气动模型

6.2.1　风速模型建立

风电机组作为能源转换的工具，其主要目的是将不断变化的风能转变成输出稳定的电能，但风能作为一种不稳定的自然资源其受地理位置和时间变化影响很大。风场的定义有多种方式，风模型的建立方法多种多样，不同的仿真目的所采用的风模型也不尽相同。简单的模拟仿真可认为风速恒定不变，风向不随时间变化。如要仿真风电机组真实的运行状况，风模型需定义风向及风速的空间分布情况和随时间变化的历程。

在模拟仿真时，风场稳态的空间参数包括风速随高度变化的风剪切、塔影效应及尾流效应等。在建立风模型时，可供选择的参考模型有四种。

（1）风速和风向均不随时间变化的稳定风。

（2）按整个风轮面积记录风速和风向变化的时间历程，以表格的形式记录下来，时间点之间采用线性插值形成风速变化曲线，称为单点风。

（3）采用三维紊流风场模型，定义与真实大气紊流相似的空间特性，称为三维紊流风。这种模型比较贴近风电场的风场状况，但是建模过程复杂，采集的数据信息要求较高。

（4）根据 IEC 61300—1 标准定义风速和风向特征，常用的有指数模型、对数模型和其他一些特定地理位置的风场模型。

在研究风轮不平衡对风电机组运行性能影响及其故障诊断方法时，为了减少风速和风向变化对仿真结果的影响，采用单点风模型。由于风电机组具有偏航和变桨功能，风模型没有考虑风向随时间的变化，只考虑风速随时间的变化，将时间和风速列表然后导入 Bladed 软件中作为仿真的风速模型。风速时间表见表 6.1，风速模型的时间历程为 200s，步长为 5s，风速的变化范围为 0～10m/s。

表 6.1 　　　　　　　　　　　　　　　　风 速 时 间 表

时间/s	0	5	10	15	20	25	30	35	30	35	50
风速/(m/s)	3	3.57	3.87	5.56	6.09	6.86	7.53	8.09	8.58	8.76	8.36
时间/s	55	60	65	70	75	80	85	90	95	100	105
风速/(m/s)	7.98	7.36	6.88	6.12	5.58	5.35	5.68	6.21	6.89	7.56	8.35
时间/s	110	115	120	125	130	135	130	135	150	155	160
风速/(m/s)	9.13	9.86	10.03	9.78	9.21	8.33	7.73	7.36	7.05	7.05	7.05
时间/s	165	170	175	180	185	190	195	200			
风速/(m/s)	7.08	7.08	7.08	7.08	7.08	7.08	7.08	7.08			

图 6.3 为建立的风速模型曲线，该风速模型既有风增长又有风跌落，还有均匀风阶段。此风模型的变化比较缓慢而且风速低于 10m/s，在此风模型下变桨控制模块不会启动，避免造成对气动不平衡仿真结果分析的干扰。本书单纯考虑质量不平衡和气动不平衡对风电机组运行性能的影响，仿真时未涉及塔影效应、尾流效应和风切变。

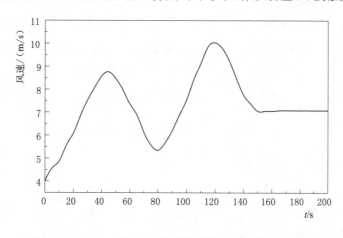

图 6.3　风速模型曲线

6.2.2　风电机组传动链系统模型建立

传动链系统是风轮与风力发电机之间的连接机构。对于永磁直驱风电机组来说，

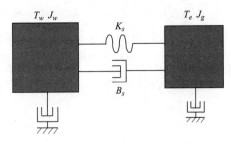

图 6.4　传动链两质量块模型

由于省去了齿轮变速箱，风电机组的转轴直接连接到发电机的转子上，大大简化了传动链系统的结构。针对风电机组传动链系统轴连的风轮和电机转子转动角度客观存在的偏差和轴系刚度，将传动链等效为两质量块模型，如图 6.4 所示。

传动链机械运动方程为

$$\begin{cases} J_M \dfrac{\mathrm{d}\omega_M}{\mathrm{d}t} = T_1 - K_s\theta_s - B_s\omega_M + B_s\omega_m \\[2mm] J_m \dfrac{\mathrm{d}\omega_m}{\mathrm{d}t} = K_s\theta_s + B_s\omega_M - B_s\omega_m - T_e \\[2mm] \dfrac{\mathrm{d}\theta_s}{\mathrm{d}t} = 2\pi f(\omega_M - \omega_m) \end{cases} \tag{6.1}$$

式中　J_M、J_m——风轮转动惯量和电机转子转动惯量；

$\quad\quad K_s$——轴系刚度；

$\quad\quad \theta_s$——风轮与电机转子角度偏差；

$\quad\quad B_s$——传动链系统等效阻尼系数；

$\quad\quad \omega_M$、ω_m——风轮转速和发电机转速；

$\quad\quad T_e$——电磁转矩；

$\quad\quad f$——电网额定频率。

永磁电机作为发电机使用时，在 d-q 轴系下可将定子电压分量方程表示为

$$\begin{cases} u_d = -R_s i_d - L_d \dfrac{\mathrm{d}i_d}{\mathrm{d}t} + \omega_r L_q i_q \\[2mm] u_q = -R_s i_q - L_q \dfrac{\mathrm{d}i_q}{\mathrm{d}t} - \omega_r L_d i_d + \omega_r \Psi_f \end{cases} \tag{6.2}$$

式中　L_d、L_q——d、q 轴电感；

$\quad\quad R_s$——定子电阻；

$\quad\quad \omega_r$——转子电角速度，可表示为 $\omega_r = p_n\omega_m$；

$\quad\quad p_n$——电机磁极对数；

$\quad\quad \Psi_f$——转子永磁体磁链。

定子磁场在 dq 方向上的分量分别为

$$\begin{cases} \Psi_d = -L_d i_d + \Psi_f \\ \Psi_q = -L_q i_q \end{cases} \tag{6.3}$$

电磁转矩方程为

$$T_e = \frac{3}{2} p_n \left[\Psi_f i_q - (L_d - L_q) i_d i_q \right] \tag{6.4}$$

电磁转矩由定子绕组的直轴电流分量和交轴电流分量决定。对于面装式永磁同步电机，$L_q = L_d$，或者在 $i_d = 0$ 矢量控制中，式（6.4）可进一步写成

$$T_e = \frac{3}{2} p_n \Psi_f i_q \tag{6.5}$$

6.2.3 风电机组振动模型建立

风电机组振动模态分析一般采用假设模态法，假设模态模型的关键是正确模态振型的选择，用于表示叶片、塔架等柔性部件形变。模型建立时需要选择满足分析需要的模态数量和阶数。假设模态的正确性直接关系到风电机组动力模型的正确与否。常用的方法是采用叶片、塔架的自由度模态作为所需的假设模态，而不考虑两者间的相互影响。自由度模态可以直接通过叶片、塔架的有限元模型获得，或将两者视为一个自由端具有点质量的柔性悬臂梁，建立力学模型计算来得到。

风电机组中将叶片和塔架视为连续质量和刚度分布的柔性悬臂梁。根据理论力学，其具有无限多自由度，因此，需要无限多个坐标确定叶片和塔架上点的位置。但在假设模态法中，叶片和塔架连续体的变形被视为一系列归一化振动模态振型线性叠加。这里的归一化采用柔性悬臂梁自由端的变形量，每个归一化模态振型为无量纲，在自由端处取单位值。这种处理方式可以将叶片和塔架的自由度从无限减少为 N（N 表示计算时选取的假设模态数目），最终柔性悬臂梁（叶片和塔架）在任意时间、任意位置的横向形变 $u(z,t)$ 是一系列归一化模态振型 $\phi_a(z)$ 的线性叠加，它们与广义坐标 $q_a(t)$ 的关系为

$$u(z,t) = \sum_{a=1}^{N} \phi_a(z) q_a^{\cdot}(t) \tag{6.6}$$

式中　$\phi_a(z)$——悬臂梁第 a 个模态振型，它是悬臂梁纵向距离 z 的函数；

$\quad\quad q_a(t)$——与模态 a 相关的广义坐标，是时间的函数，它通常被取为该模态振型的悬臂梁自由端的变形。

关于模态振型 $\phi_a(z)$ 的选择，三角函数形式的表示方法为

$$\phi_i^{(1)}(x) = \sin\left[\frac{(2i-1)\pi}{2L} x\right] (i=1,2,\cdots,N) \tag{6.7}$$

$$\phi_i^{(2)}(x) = \cos(\beta_i x) - \cosh(\beta_i x) + \gamma_i [\sin(\beta_i x) - \sinh(\beta_i x)] (i = 1, 2, \cdots, N) \quad (6.8)$$

式中　　$\phi_i^{(1)}(x)$、$\phi_i^{(2)}(x)$——悬臂梁第 i 阶纵向和横向振动模态振型。

6.2.4　风轮质量不平衡下机组气动力特性变化理论分析

以常见水平轴三叶片风电机组风轮质量不平衡为例，风轮上的每个叶片可用距轮毂为 $r_k (k = 1, 2, 3)$、质量为 $m_k (k = 1, 2, 3)$ 的集中质量块来等效。质量块的重力为 G_k，离心力为 F_{ck}，正常情况下三个叶片重力和离心力相等，由于离心力时刻与风轮旋转方向垂直，因此其对风轮气动转矩不会产生影响，只对叶片产生拉伸力，对叶片产生疲劳载荷。正常情况下当风轮以角速度 ω_M 旋转时，由于风轮的对称性，三个叶片重力相对风轮主轴的转矩为 0。任意时刻可表示为

$$G_1 r_1 \sin(\omega_M t) + G_2 r_2 \sin\left(\omega_M t + \frac{2\pi}{3}\right) + G_3 r_3 \sin\left(\omega_M t + \frac{4\pi}{3}\right) = 0 \quad (6.9)$$

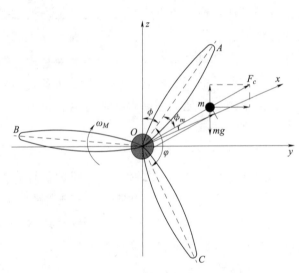

图 6.5　风轮质量不平衡示意图

将风轮质量不平衡故障等效为距离轮毂中心 r 处，质量为 m 的虚拟不平衡质量块，不平衡质量块随风轮一起以角速度 ω_M 旋转，风轮质量不平衡示意图如图 6.5 所示。

在旋转过程中虚拟质量块所受到的力主要包括自身重力 mg 以及离心力 F_c。离心力可分解为水平力和铅垂力。由于塔架铅锤方向刚度比较大，因此离心力主要引起风电机组的水平方向振动，振动频率为风轮旋转的 1 倍转频，由于风轮叶片和塔架中心具有一段距离，离心力还会激起风电机组的扭转振动，离心力 F_c 水平方向的分力可表示为

$$F_m = m \omega_M^2 r \sin(\omega_M t + \phi + \phi_m) \quad (6.10)$$

式中　　r——不平衡质量块距轮毂距离；

　　$\phi + \phi_m$——不平衡质量的初始位置角度。

由上述分析可知，离心力对主轴不会产生转矩，即对风电机组的气动转矩不会造成影响。但是质量块的重力产生的重力矩会对风轮叶片产生转矩，会激起风电机组的转矩振动，在重力矩的影响下风电机组的输出转矩 T_1' 可表示为

$$T_1' = T_1 + mgr\sin(\omega_M t + \phi + \phi_m) \tag{6.11}$$

式中 T_1——风电机组正常时的气动转矩。

根据电机拖动的原理，结合式（6.5）得到正弦稳态下电机的电磁功率为

$$P_e = \frac{3}{2}\omega_r \Psi_f i_q = \frac{2\pi f_1 T_e}{p_n} \tag{6.12}$$

式中 f_1——发电机的定子角频率。

考虑到风轮质量不平衡联立式（6.1）、式（6.11）和式（6.12）得到

$$(J_M + J_m)\frac{\mathrm{d}\omega_m}{\mathrm{d}t} = T_1 + mgr\sin(\omega_M t + \phi + \phi_m) - T_e \tag{6.13}$$

$$P_e = 2\pi f_1 \frac{T_1 + mgr\sin(\omega_M t + \phi + \phi_m) - (J_M + J_m)\dfrac{\mathrm{d}\omega_m}{\mathrm{d}t}}{p_n} \tag{6.14}$$

由式（6.13）可知，由不平衡质量块重力引起的脉动转矩，也会使风电机组产生扭转振动，还会直接导致发电机电磁功率产生风轮转速对应的振幅为 $A = \omega_r mgr/ p_n = 2\pi f_1 mgr/p_n$ 的 1 倍频分量。

根据式（6.13），令不平衡质量的初始相角为 0 即 $\phi + \phi_m = 0$，可以求出质量不平衡下转子的电角速度 ω_r' 为

$$\omega_r' = \int \frac{p_n}{J'}(T_1 - T_e)\mathrm{d}t + \frac{mgr p_n}{J'\omega_M}\cos(\omega_M t) = \omega_r + \Delta\omega_r \tag{6.15}$$

其中 $$J' = J_M + J_m$$

式中 $\Delta\omega_r$——由于质量不平衡产生的转子电角速度波动量。

由式（6.15）可知，不平衡质量会导致发电机转速产生 1 次谐波，进而导致定子电流产生 1 次谐波；由于不平衡质量相对较小，因此风电系统中转动惯量 J' 值的大小对发电机转速的波动有较大的影响，加大 J' 的值对于抑制不平质量引起的转速波动具有较好的效果，但会相应降低系统的动态响应能力。

6.2.5   风轮气动不平衡下机组气动力特性变化理论分析

风电机组在正常运行时，三个叶片的桨距角 β 相同，每个叶片的相同位置所受到的相对风速 w 相等，因此翼型的攻角 α 相同，叶片所受到的气动力一致，转矩相等，风轮处于平衡状态，风轮平面切向气动合力为 0，可表示为

$$\boldsymbol{F}_{T1} + \boldsymbol{F}_{T2} + \boldsymbol{F}_{T3} = 0 \tag{6.16}$$

$$\boldsymbol{F}_{Ti} = \int_0^r \mathrm{d}\boldsymbol{F}_{Ti} \tag{6.17}$$

在发生风轮气动不平衡时，在相对风速一致的情况下，叶片间的攻角出现差异，

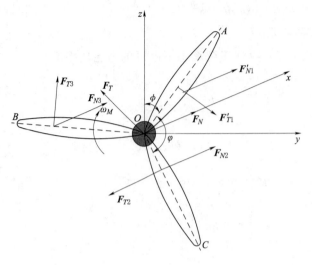

图 6.6　风轮气动不平衡示意图

造成三个叶片的轴向气动力发生变化，叶片受力如图 6.6 所示。分析风轮发生气动不平衡时风轮叶片的受力情况：风轮受力旋转，作用在每个叶片的气动力分为切向气动力和轴向气动力，方向分别平行、垂直于风轮旋转面。轴向气动力会使风轮产生轴向振动，切向气动力会使风轮产生气动转矩带动风轮旋转，不平衡时三个叶片的切向合力不为零，使风轮产生切向振动和扭转振动。

假设只有一个叶片发生气动不平衡，桨距角发生变化变为 β'，攻角变为 α'，因此此叶片的受力变为 F'_{N1} 和 F'_{T1}，气动转矩也发生变化。根据力的矢量三角形原理，记未发生桨距角变化的两个叶片的切向力 F_{T2} 和 F_{T3} 的合力为 F_{T0}，则 F_{T0} 与 F'_{T1} 方向相反，数值大于 F'_{T1}。所以气动不平衡时三个叶片在叶根处产生的等效切向气动合力是与风轮旋转方向反向的力，可表示为

$$F_T = F'_{T1} + F_{T2} + F_{T3} \tag{6.18}$$

由于此力与塔架具有一段距离，因此会产生一个扭转力矩，激起风电机组的扭转振动，显然 F_T 的方向随着风轮的转动是变化的，它在水平方向的分力会激起风轮的切向振动，可表示为

$$F'_T = F_{T1}\cos(\omega_M t) + F_{T2}\cos\left(\omega_M t + \frac{2\pi}{3}\right) + F_{T3}\cos\left(\omega_M t + \frac{4\pi}{3}\right) \tag{6.19}$$

不平衡叶片的轴向力 F_N 只是在数值上发生了变化，方向未发生任何变化，如果气动不平衡程度较严重即叶片桨距角差异较大，则 F_N 数值会显著增加，对风电机组造成较大的影响，三个叶片的轴向合力可表示为

$$F_N = F'_{N1} + F_{N2} + F_{N3} \tag{6.20}$$

$$F_{Ni} = \int_0^r \mathrm{d}F_{Ni} \tag{6.21}$$

在 F_N 的作用下，风电机组发生轴向振动，使风轮叶片轴向弯曲，使塔架发生轴向形变。

在切向力 F_T 作用下产生附加转矩 T_T，在轴向力 F_N 作用下产生叶片弯矩 M_N，附加转矩和叶片弯矩可表示为

$$T_T = \sum_{i=1}^{3} \int_0^r r \, d\boldsymbol{F}_{Ti} \tag{6.22}$$

$$M_N = \sum_{i=1}^{3} \int_0^r r \, d\boldsymbol{F}_{Ni} \tag{6.23}$$

由受力可以看出附加转矩的作用是减少风轮的输出转矩，风电机组的输出功率也会相应减少，因此气动不平衡会使风电机组发电功率减少。在发生气动不平衡时，风电机组也会出现不同程度的质量不平衡，因此质量不平衡对风电机组造成的影响在气动不平衡时也会出现。而由于气动不平衡特有的轴向振动的存在，相对风轮的来流风速会发生周期性变化导致气动力的波动。而气动力的波动反过来又会影响到塔架与机舱所受载荷，进而引起塔架振动，因此当存在气动力不对称故障时，塔架的结构振动与风轮所受气动力存在强耦合性。另外，气动力的波动还会引起风轮输出转矩的波动，造成发电机转子转速和定子电流出现波动产生谐波，最终又会影响发电机端电功率出现相应的波动。

经过分析可以得出气动不平衡下风轮输出转矩 T_1'' 的表达式为

$$T_1'' = T_1 - T_T + T_b \sin(\omega_M t) \tag{6.24}$$

式中 $T_b \sin(\omega_M t)$——气动不平衡下造成的输出转矩的波动量（由气动不平衡造成的质量不平衡引起的输出转矩的波动和轴向振动引起的输出转矩的波动共同产生，该波动量不是准确的正弦变化，而是近似的正弦变化，这样定义只是为了理论分析方便）。

将风电机组传动链等效为一个两质量块模型，根据式（6.1）、式（6.11）和式（6.24），再将结果进行积分，可求出风轮气动不平衡时发电机转子电角频率即定子电流频率 ω_r'' 为

$$\omega_r'' = \int \frac{p_n}{J'}(T_1 - T_{Tg} - T_e)dt + \frac{T_b p_n}{J' \omega_M}\cos(\omega_M t) = \omega_{r1} + \Delta\omega_r' \tag{6.25}$$

式中 ω_{r1}——转子电角速度稳定分量；

$\Delta\omega_r'$——转子电角速度周期波动分量。

观察式（6.25）可知，气动不平衡造成的切向气动合力产生的气动转矩会使转子角速度减小，轴向振动和气动不平衡产生的质量不平衡引起的输出转矩波动量会使发电机转子转速产生波动，进而引起定子电流的波动。

6.3 基于 Bladed 的风电机组模型仿真参数设置

Bladed 软件是一款由英国 Garrad Hassan and Partners Limited（GH）公司开发的用于风电机组设计计算和认证的专业软件。其可以建立各种风模型、控制系统模

型、多模态分析等综合模型，可用于风电机组的发电量分析、动态载荷分析、风轮不平衡分析、风电机组气动性能分析等风电机组性能的分析。

　　软件共 13 个模块，包括参数设置和计算功能两部分，参数设置又分为风电机组参数和外部环境参数。风电机组参数包括叶片 Blades、翼型截面 Aerofoil、风轮 Rotor、塔架 Tower、传动链 Power Train、机舱 Nacelle、控制 Control、模态分析 Modal；外部环境参数包括风场 Wind 和海面状况 Sea State。除了参数设置，计算功能包括计算模块、数据显示存储模块和数据分析后处理模块。Bladed 对风电机组采用模态分析方法，独立计算转动部件和非转动部件的模态，然后采用模态合成方法对整机模态分析。软件计算中风轮舞振和摆振可计算最大六阶模态、塔架前后左右振动的最大五阶模态，对实际运行状况还原度较高。

6.3.1　基于 Bladed 的风电机组空气动力模型建立

　　建立风电机组的空气动力模型的目的是计算不同工况下风电机组的载荷。载荷是风电机组结构设计的依据，载荷的分析计算是风电机组设计过程的关键和基础性工作之一。载荷分析的目的是通过分析评估和计算不同工况下的风电机组载荷，提供比较完整、准确的载荷数据，进而分析相应工况下风电机组的运行情况，从而完善风电机组的设计或是评估相应工况对风电机组的影响。通过仿真风轮不平衡工况下风电机组的载荷情况，来评估不同的不平衡故障或不平衡故障下不同因素对风电机组运行性能的影响。

　　按照载荷来源分类，风电机组载荷可分为：①空气的流动及其与风电机组动静部件相互作用所产生的空气动力载荷，此类载荷是风电机组主要的外部载荷之一，其载荷大小由风轮外部风况、风电机组气动特性、结构特性和运行工况等因素决定；②由重力、振动、旋转以及地震、运输、安装等引起的静态和动态、重力和惯性载荷；③风电机组运行时在控制过程中产生的如发电机负荷控制、偏航、变桨距以及机械刹车控制过程的操作载荷；④其他，如尾迹湍流引起的载荷、冲击载荷、覆冰载荷等都归属为其他载荷。在研究风轮不平衡时计算的载荷主要是空气动力载荷、重力和惯性载荷，风轮不平衡引起不平衡载荷造成风电机组的振动会引起风轮转速波动、输出转矩波动及输出功率降低等情况。

　　在 Bladed 软件中建立风电机组的完整气动模型需要定义风电机组的叶片 Blades、翼型 Aerofoil、风轮 Rotor、塔架 Tower、机舱 Nacelle 等风电机组外形参数。

　　叶片 Blades 主要设置叶片的几何尺寸、质量分布和叶片的结构刚度，主要定义的参数包括叶片长度、叶片弦长、扭角、叶片厚度、质量分布及刚度等。叶片参数设置界面如图 6.7 所示。

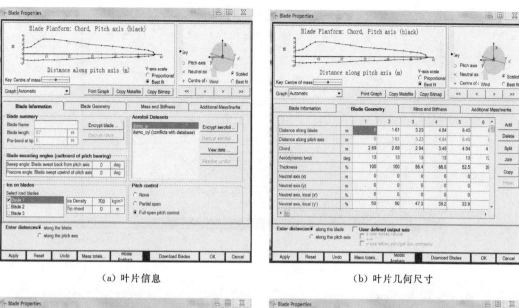

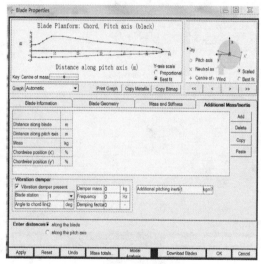

（a）叶片信息	（b）叶片几何尺寸
（c）叶片质量分布及刚度	（d）额外质量

图 6.7 叶片参数设置界面

　　翼型 Aerofoil 主要定义叶片的翼型特性，主要参数有升力系数 C_L、阻力系数 C_D、俯仰系数 C_M 以及攻角 α。Blades 和 Aerofoil 两个模块定义了叶片的全部参数信息，叶片的性能主要依赖于翼型、弦长和扭角分布等参数。叶片的参数信息一般由叶片供应商提供，建模时可以直接导入相关数据。翼型设置界面如图 6.8 所示。

　　风轮 Rotor 模块主要定义风轮、转子轴、轮毂的相关数据信息和与气动力学相关的大部分参数，主要包括风轮直径、叶片数量、塔架高度、轮毂总高度、叶片安装角、锥角、倾角、风轮位置等数据参数。风轮参数设置界面如图 6.9 所示。

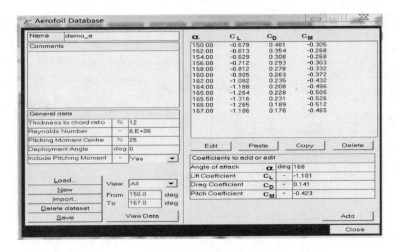

图 6.8　翼型设置界面

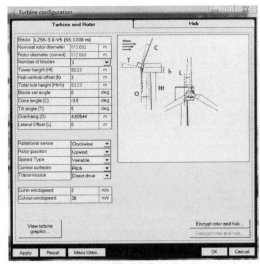

（a）风轮转子参数

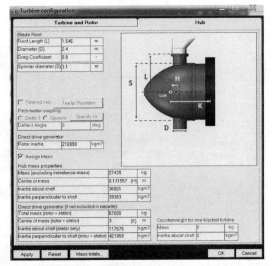

（b）轮毂参数

图 6.9　风轮参数设置界面

　　塔架 Tower 定义所有塔架的相关参数，如塔架属性材料、塔架尺寸、重量、刚度等。塔架参数的设置主要包括：塔架属性、材料、密度、弹性模量；塔架类型如塔架对称方式；塔架所处环境，如气动阻力系数、流体阻力系数、流体惯性因数等；塔架结构参数，如距地面高度、外部直径、单位长度质量、弯曲刚度、壁厚、质量等。塔架参数设置界面如图 6.10 所示。

　　机舱 Nacelle 模块定义机舱相关的几何参数和结构参数，主要用于计算机舱载荷，主要参数包括机舱尺寸、机舱质量、各种位置参数、各种转动惯量参数。机舱参数设置界面如图 6.11 所示。

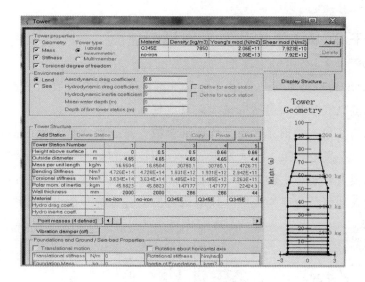

图 6.10　塔架参数设置界面

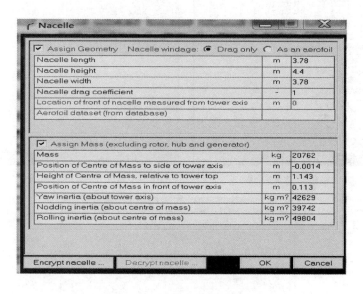

图 6.11　机舱参数设置界面

设置风电机组气动外形所有的参数，结合风电机组的传动链模型、发电机模型和相应的控制模型，导入风速模型之后就可以仿真计算相应的气动载荷、发电功率、风轮转速、输出转矩等与风电机组运行性能相关的物理量。气动模型是风电机组整体结构的建模，模型数据的准确性对仿真会有较大影响，因此各个模块的参数调试是很有必要的。气动模型是计算气动载荷的基础，气动载荷的合理与否也是评判风电机组设计合理性的一个重要参考。

6.3.2　基于 Bladed 的传动链系统模型建立

Power Train 传动链系统主要定义风电机组传动链相关参数,主要分为传动链机械参数、传动链电气参数和包括机械损失及电气损失的传动链传动损失参数。机械参数包括变速机构参数、联轴器参数、低速轴参数、高速轴参数。电气参数包括控制转矩传递时间、最小发电转矩、最大发电转矩、相位角和驱动链阻尼反馈等。机械损失参数包括机械损失转矩、主轴转速、主轴输入转矩等;电气损失参数包括空载功率损失、效率、输入功率、功率损失等。风电机组传动链系统参数设置如图 6.12 所示。

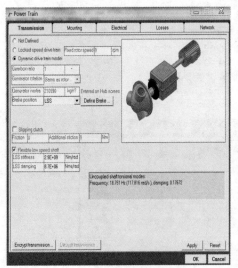

(a) 传动链系统机械参数　　　　　(b) 传动链系统电气参数

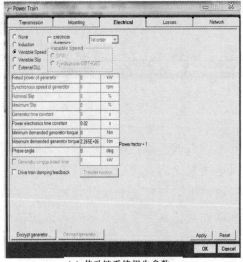

(c) 传动链系统损失参数

图 6.12　传动链系统参数设置界面

6.3.3 基于 Bladed 的振动模态设定

Model Analysis 模态分析模块仿真计算风电机组风轮系统、机舱、塔架的周期振动模态，主要设置参数包括振动方程阶数、矩阵空间自由度、极限位置、阻尼、正常工作模式等，设置界面如图 6.13 所示。

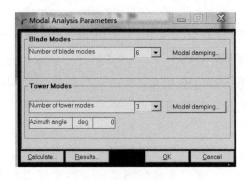

图 6.13 模态设置界面

6.4 案例分析

风轮不平衡为风电机组运行的隐性故障，一般不容易发现，一旦发生，将对风电机组的运行性能造成大的损害。相关研究表明，覆冰等情况引发的风轮质量不平衡故障将导致 85％的输出功率下降。气动不平衡在引发传动轴系振动，增加大部件疲劳，影响发电效率的同时，还会大大增加风电机组的灾害性概率，影响寿命。因此，本章着重基于风轮不平衡原理对风轮的不平衡故障进行理论分析并结合 Bladed 软件对风轮不平衡故障进行仿真，从而验证风轮不平衡故障对风电机组运行性能带来的影响。

根据查阅的参考文献，对风轮不平衡故障对风电机组影响的仿真多使用 MATLAB 软件 simulink 模块搭建简单仿真模型，模型多是理想化的且多不考虑控制模块对仿真运行的影响，不能准确反映风轮不平衡故障对实际运行的风电机组运行性能的影响。本书所采用的仿真软件为专业的风电机组模拟软件 Bladed 软件，可以比较准确地模拟实际运行的风电机组，且运行时考虑风电机组控制、风电机组各系统之间耦合影响等因素，仿真结果更贴近风电机组实际运行情况，更具有参考性。

在 Bladed 软件中建立 3MW 风电机组模型，主要包括风轮气动模型（叶片模型、塔架模型、机舱模型、轮毂模型），传动链系统模型，风电机组振动模型，控制模型以及风速模型。基本仿真参数设置见表 6.2。

表 6.2　　　　　　　　　　　　　　基本仿真参数设置

参　　数	数　　值	参　　数	数　　值
额定功率/MW	3	切出风速/(m/s)	30
额定风速/(m/s)	10.5	轮毂轴线高度/m	92
额定转速/(r/min)	14.33	风轮直径/m	112
切入风速/(m/s)	2		

　　在 3MW 风电机组模型的基础上在 Bladed 软件中设置相应的质量不平衡和气动不平衡故障，从而对风轮不平衡故障对风电机组运行性能的影响进行仿真验证。不平衡参数设置主要有不平衡质量、不平衡静矩、不平衡质量方位、叶片安装误差角、变桨距角误差、叶片方位角误差等。本章将采用单一影响变量改变，其他变量不变的方法来验证各不平衡变量对风电机组各种性能的影响，进而研究总结不同的不平衡故障对风电机组哪方面的影响更大。不平衡变量参数设置界面如图 6.14 所示。

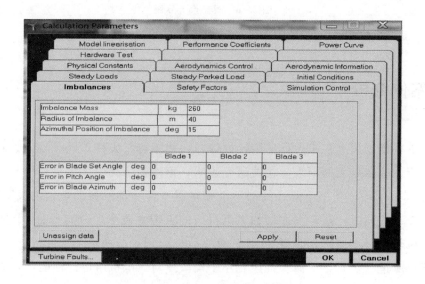

图 6.14　风轮不平衡变量参数设置界面

6.4.1　质量不平衡对风电机组运行性能影响的仿真分析

　　质量不平衡故障设置包括不平衡质量块的质量大小、距轮毂中心的距离和初始位置角，质量不平衡故障主要分三组对照仿真来验证三个不同的质量不平衡的影响因素对风电机组运行性能的影响。

6.4.1.1 不平衡质量块质量改变对风电机组运行性能的影响

为分析不平衡质量块质量大小对风电机组性能的影响，对 6 个不同工况进行仿真，分别为正常工况和 5 个质量不平衡工况。仿真条件设置为：不平衡质量块大小分别为风轮叶片质量的 1%、2%、5%、10%、15%（风轮叶片质量 13000kg），不平衡质量块距轮毂中心的距离为 $r=40$m（叶片长度 55m），不平衡质量块的初始位置角为 $\phi+\phi_m=30°$。质量大小对风电机组运行特性影响仿真结果如图 6.15～图 6.19 所示。

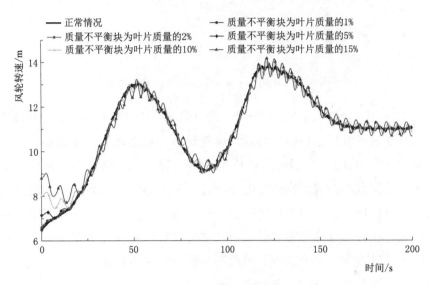

图 6.15　不同不平衡质量块大小下的风轮转速

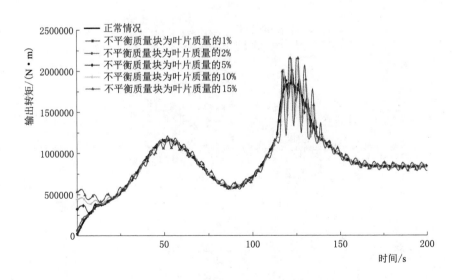

图 6.16　不同不平衡质量块大小下的输出转矩

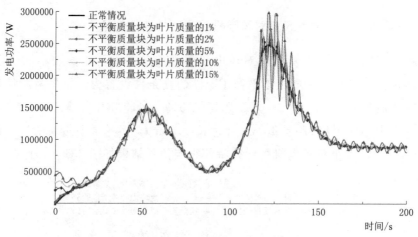

图 6.17 不同不平衡质量大小下的发电功率

从图 6.15～图 6.17 可以看出，叶片质量 1％和 2％的不平衡质量块对风电机组影响较小，几乎未对风电机组的输出转矩、风轮转速、发电功率造成影响；不平衡质量块的大小超过叶片质量的 5％后对风电机组的影响较大，且随着不平衡质量的增加影响程度加大。从仿真结果看，风电机组运行性能很不稳定，在启动风速段风电机组的输出转矩、风轮转速、发电功率出现明显波动，说明质量不平衡会对风电机组的启动性能产生影响；在额定风速附近波动剧烈，这将严重影响风电机组的安全运行，造成发电质量的下降以及发电量的减少。因此不平衡质量块质量大小是不平衡故障的一个具有实际影响的不平衡变量，会造成明显的功率波动进而影响风电机组的性能。因此可以通过监测功率的波动情况来识别风轮的不平衡故障。

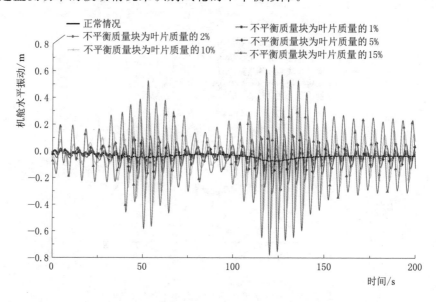

图 6.18 不同不平衡质量块大小下的水平振动

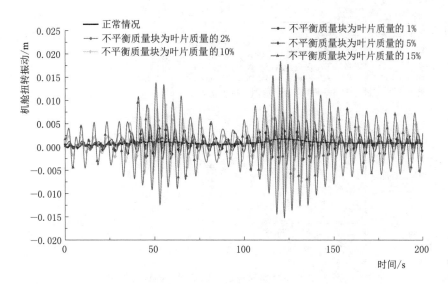

图 6.19　不同不平衡质量块大小下的扭转振动

从图 6.18 和图 6.19 中可以看出叶片质量 1％和 2％的不平衡质量块会对机舱的水平位移和扭转角度造成影响，但影响很小，不会影响风电机组安全、稳定运行。不平衡质量块的大小超过叶片质量的 5％后，质量不平衡故障使机舱的水平位移和扭转角度有较大幅度波动，会造成机舱出现明显的水平振动和扭转振动，进而增加风电机组的各种载荷，不仅影响风电机组性能还会威胁风电机组的安全运行。

6.4.1.2　不平衡质量块距轮毂中心的距离 r 改变对风电机组运行性能的影响

为分析不平衡质量块距轮毂中心距离 r 对风电机组运行性能的影响，共设置了 6 个工况进行仿真，分别为正常工况和 5 个 r 不同的质量不平衡工况。仿真条件设置为：不平衡质量块距轮毂中心距离分别为 5m、10m、20m、35m、55m，不平衡质量块大小为叶片质量的 5％，不平衡质量块的初始位置角为 $\phi + \phi_m = 30°$。仿真结果如图 6.20～图 6.24 所示。

从图 6.20～图 6.22 可以看出，叶片质量 5％的不平衡质量块距轮毂中心距离为 5m、10m 时对风电机组输出转矩、风轮转速、发电功率影响较小，只是在额定风速附近波动明显，但波动幅值不大，对风电机组发电质量影响很小，对风电机组安全不构成威胁；不平衡质量块距离轮毂超过 20m 后，在启动风速段，风电机组输出转矩、风轮转速、发电功率出现明显波动，说明对风电机组的启动性能有影响，在额定风速附近波动剧烈，振幅较大，将会威胁风电机组的安全并造成发电质量的下降以及发电量的减少。

不平衡质量块质量大小与位置的改变对风电机组性能影响的变化整体趋势相近，

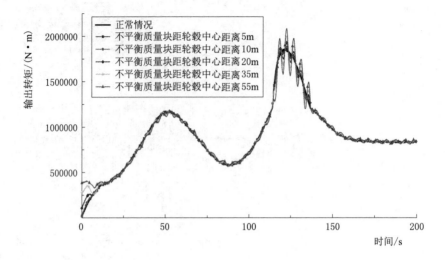

图 6.20　不平衡质量块位置不同下的输出转矩

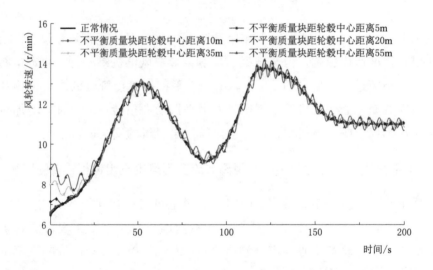

图 6.21　不平衡质量块位置不同下的风轮转速

与理论分析相吻合。质量不平衡的主要影响因素是静距，即不平衡质量块的大小与距轮毂中心的距离的乘积，说明两者对风电机组性能影响有同样的效果，都会造成风电机组相应运行参数的波动，影响发电质量。

从图 6.23 和图 6.24 可以看出，叶片质量 5% 的不平衡质量块距轮毂中心距离为5m、10m 的质量不平衡故障对机舱的水平位移和扭转角度有一定的影响，但影响很小，不会对风电机组的安全运行造成威胁，不会影响风电机组的运行性能。随着不平衡质量块距离轮毂的增大，超过 20m 后，机舱的水平位移和扭转角度出现剧烈波动，说明机舱出现明显水平振动和扭转振动，风电机组的各种载荷增加，威胁机组的运行

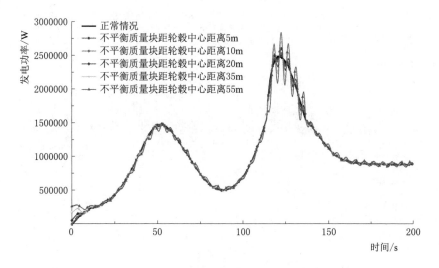

图 6.22　不平衡质量块位置不同下的发电功率

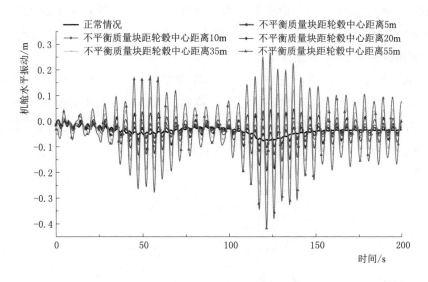

图 6.23　不平衡质量块位置不同下的水平振动

安全。但整体来说质量变化带来的影响程度比位置改变带来的影响明显，因此质量大小是质量不平衡的主要影响因素。

6.4.1.3　不平衡质量块初始位置改变对风电机组运行性能的影响

为分析不平衡质量块初始位置对风电机组运行性能的影响，设置了 13 个不同工况的仿真，分别为正常工况和 12 个不平衡质量块初始位置不同的不平衡工况。仿真条件设置为：不平衡质量块初始位置分别为 30°、60°、90°、120°、150°、180°、210°、

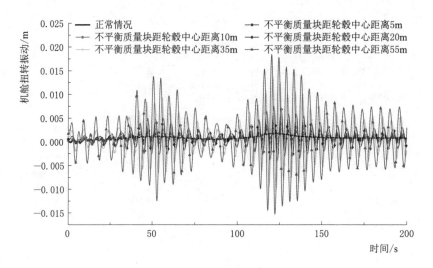

图 6.24　不平衡质量块位置不同下的扭转振动

240°、270°、300°、330°，不平衡质量块大小为叶片质量的 5%，不平衡质量块距轮毂中心距离 $r=35\mathrm{m}$，仿真结果如图 6.25～图 6.29 所示。由于变桨距控制设置的原因，当不平衡质量块初始位置角设置为 270°和 300°时 Bladed 仿真系统出现故障预警：变桨距系统动作造成顺桨，不能正常发电。对控制系统进行参数调整未能解决相应问题，因此在不平衡质量块初始位置角为 270°和 300°时仿真结果出现异常，但不影响整个仿真结果的对比与相应的仿真结论。因为仿真结果具有相似性，省略了初始位置角为 0°～150°的仿真结果，不影响仿真结果的对比。

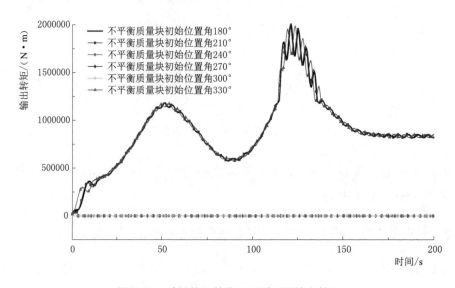

图 6.25　质量块初始位置不同下的输出转矩

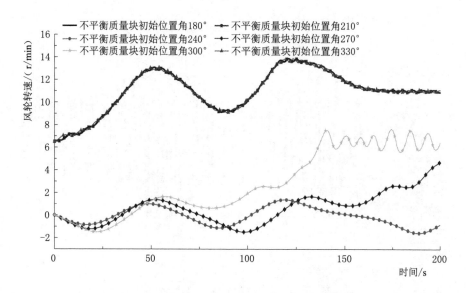

图 6.26 质量块初始位置不同下的风轮转速

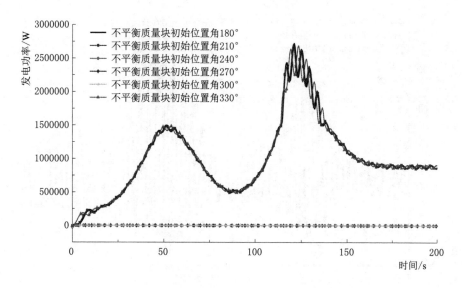

图 6.27 质量块初始位置不同下的发电功率

从图 6.25～图 6.29 中可以看出，不平衡质量块初始位置变化对风电机组的各种特性影响较小。

根据上述仿真结果总结发现，风电机组的风轮质量不平衡故障对风电机组的发电量影响较小，主要造成功率的波动，影响风电机组的发电质量；对风电机组的机舱水平振动和扭转振动影响较大，会威胁风电机组的运行安全。而在质量不平衡的三个要

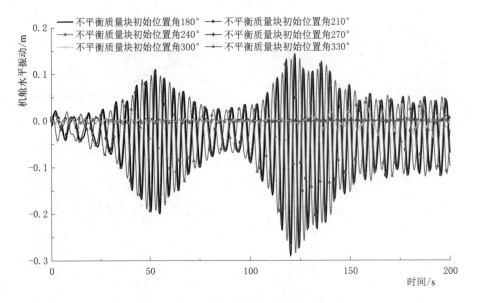

图 6.28 质量块初始位置不同下的水平振动

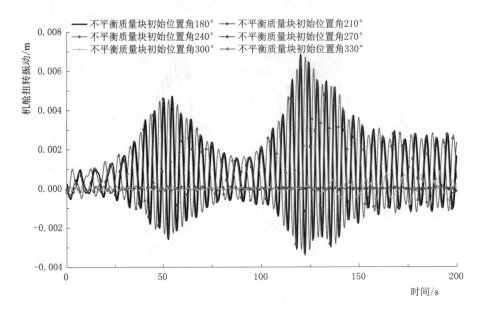

图 6.29 质量块初始位置不同下的扭转振动

素中，不平衡质量块的质量大小、距离轮毂中心距离及初始位置的影响程度依次减弱。风电机组的输出功率、机舱水平振动和扭转振动的波动可作为该质量不平衡故障识别的主要监控变量。

6.4.2 气动不平衡对风电机组运行性能影响的仿真分析

风电机组的气动不平衡主要用单叶片变桨故障来模拟，即单叶片发生变桨故障，与其他叶片产生桨距角偏差。在 6.2.1 中建立的风速模型中风速未达到额定风速，风电机组不会启动变桨控制，所以除了故障叶片其他叶片桨距角未发生变化，风电机组运行在最大风能捕获状态下，桨距角近似为 0°。故障叶片设置了 5 个不同的桨距角偏差对比仿真风轮气动不平衡对风电机组运行性能的影响，仿真结果如图 6.30～图 6.35 所示。

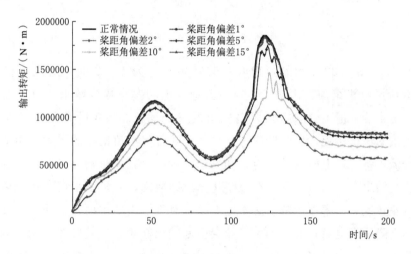

图 6.30 不同程度气动不平衡下的输出转矩

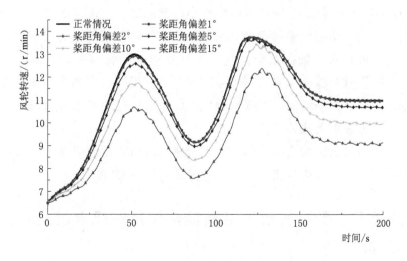

图 6.31 不同程度气动不平衡下的风轮转速

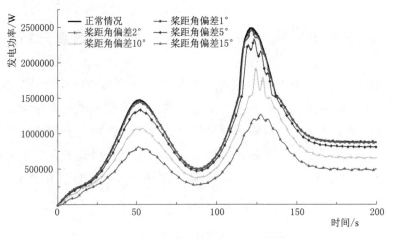

图 6.32　不同程度气动不平衡下的发电功率

从图 6.30~图 6.32 中可知，单叶片桨距角偏差为 1°、2°时，对风电机组的影响较小，会造成风电机组的输出转矩、风轮转速、电功率小幅度减小，对风电机组运行稳定性有一定影响，但不会威胁到风电机组的安全运行。当单叶片桨距角偏差超过 5°时，风电机组的输出转矩、风轮转速、电功率会随着桨距角偏差的增大产生明显的波动和数值的降低，将对风电机组的发电量和发电质量产生较大影响。气动不平衡与质量不平衡相比仿真结果存在明显差异：在整个仿真风速区间，质量不平衡会造成风电机组输出转矩、风轮转速、功率在正常状态附近波动，对于输出功率而言，功率的波动影响发电质量但不会降低发电量；而气动不平衡会引起输出转矩、风轮转速、功率的下降，因此气动不平衡对风电机组安全稳定运行威胁更大，并影响风电机组的经济运行。

从图 6.33~图 6.35 中可知，单叶片桨距角偏差为 1°、2°的风轮气动不平衡故障使机舱轴向位移、水平位移、扭转角位移有小幅度的波动，但影响较小。当单叶片桨距角偏差超过 5°时，机舱的轴向振动、水平振动和扭转振动的振动波形波动较大，在额定风速附近振幅较大。轴向振动是气动不平衡引起的特有振动，从图 6.33 可见，在发生气动不平衡时机舱的轴向位移幅度随着不平衡程度的增加而迅速增大，说明机舱所受的轴向力也会成倍增加，不仅影响风电机组的运行性能也会对风电机组的运行安全性和稳定性造成很大威胁。

根据上述分析风电机组输出功率、风轮转速、输出转矩的明显下降及机舱轴向振动和水平振动明显上升可作为质量不平衡故障识别的重要特征。

6.4.3　质量不平衡和气动不平衡耦合作用对风电机组运行性能影响的仿真分析

风电机组运行环境复杂，发生风轮不平衡时往往不是单一的质量不平衡或气动不

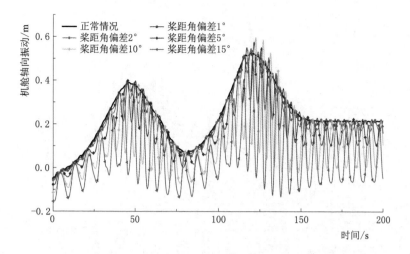

图 6.33 不同程度气动不平衡下的轴向振动

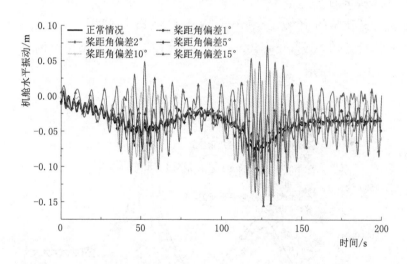

图 6.34 不同程度气动不平衡下的水平振动

平衡，而是两种故障的耦合。例如，北方的风电机组在冬天运行时，由于高空温度较低、湿度较大，很容易造成叶片覆冰。覆冰改变了风轮的质量平衡可视为质量不平衡故障；而由于覆冰在一定程度上改变了风电机组的翼型，使升力系数减小、阻力系数增大，造成叶片的气动力发生变化，从而使风电机组产生气动不平衡，因此准确的说，叶片覆冰故障属于风轮质量不平衡和气动不平衡的耦合故障。从某种意义上来说风电机组的风轮不平衡故障基本都是风轮质量不平衡和风轮气动不平衡故障的耦合。因此，为分析质量不平衡和气动不平衡的耦合故障，设置 5 个工况来进行模拟对照，进而分析耦合故障的特点及对风电机组运行性能的影响。5 个工况分别为正常工况；不平衡质量块为叶片质量的 5%，$r=40\text{m}$，$\phi+\phi_m=15°$，单叶片桨距角偏差 5°；不平

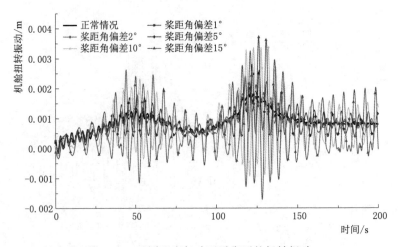

图 6.35　不同程度气动不平衡下的扭转振动

衡质量块为叶片质量的 5％，$r=40\text{m}$，$\phi+\phi_m=15°$，单叶片桨距角偏差 10°；不平衡质量块大小为叶片质量的 10％，$r=40\text{m}$，$\phi+\phi_m=15°$，单叶片桨距角偏差 5°；不平衡质量块大小为叶片的 10％，$r=40\text{m}$，$\phi+\phi_m=15°$，单叶片桨距角偏差 10°，仿真结果如图 6.36～图 6.41 所示。

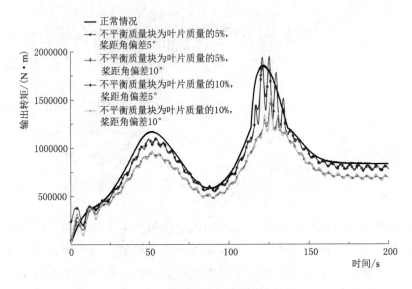

图 6.36　耦合不平衡下的输出转矩

从图 6.36～图 6.38 中可见，耦合不平衡故障结合了质量不平衡和气动不平衡的特点，但不是单纯的叠加，耦合不平衡故障下风电机组的输出转矩、风轮转速、发电功率既有明显的波动又有明显的下降，造成发电质量和发电量双降低，对风电机组影响较大。

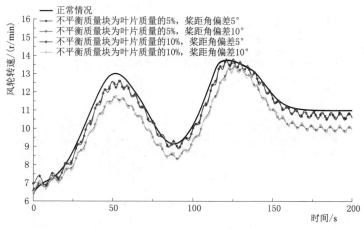

图 6.37　耦合不平衡下的风轮转速

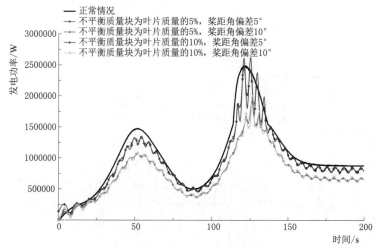

图 6.38　耦合不平衡下的发电功率

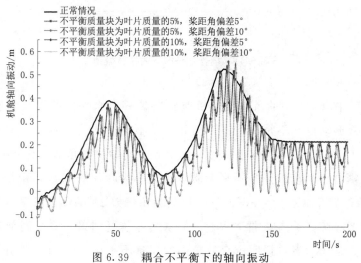

图 6.39　耦合不平衡下的轴向振动

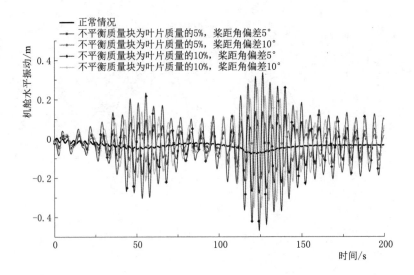

图 6.40　耦合不平衡下的水平振动

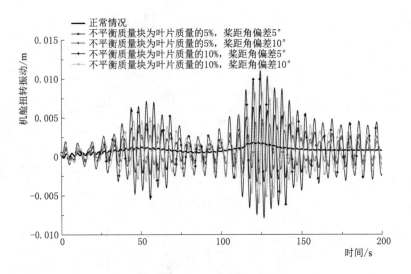

图 6.41　耦合不平衡下的扭转振动

从图 6.39～图 6.41 中的风电机组机舱轴向位移、水平位移以及扭转角位移波形可以看出，耦合振动也并不是质量不平衡和气动不平衡的简单叠加。如不平衡质量块大小为叶片的 10%，距轮毂中心距离为 $r=40\mathrm{m}$，初始位置角 $\phi+\phi_m=15°$，单叶片桨距角偏差 5°的耦合不平衡故障与不平衡质量块大小为叶片的 10%，距轮毂中心距离为 $r=40\mathrm{m}$，初始位置角 $\phi+\phi_m=15°$，单叶片桨距角偏差 10°的耦合不平衡故障对比，按照叠加原理前者故障影响应该弱于后者，但从实际仿真结果来看反而前者在某些情况下的故障特征要强于后者，说明耦合故障中的质量不平衡和气动不平衡故障是相互影响的。整体来看质量不平衡对风电机组的机舱水平振动和机舱扭转振动影响较大，耦合之后质量不平衡对这两种振动起主导作用，而气动不平衡主要造成风电机组机舱的轴向振动，且振动幅度较大，威胁风电机组运行安全。

6.5 小结

理论推导风轮不平衡对发电功率、发电机转速、风电机组振动和发电机电流的影响，根据空气动力学和结构动力学相关知识对风轮不平衡状态下的风电机组进行载荷分析。利用 Bladed 软件搭建 3MW 风电机组模型，仿真分析不同程度的风轮质量不平衡、气动不平衡以及质量气动耦合不平衡故障状态下风电机组的输出特性及振动变化，结果表明不同的风轮不平衡故障将不同程度地导致风电机组发电质量及发电量的下降，振动幅度及疲劳载荷的增加，威胁风电机组运行安全。质量不平衡和气动不平衡在故障现象上有一定差别，研究结果可对风轮不平衡故障的反向推理和定位提供依据。

参 考 文 献

［1］ 万杰. 基于 SCADA 数据的风电机组运行状态评估方法研究 ［D］. 保定：华北电力大学，2014.

［2］ 王钧. 基于泊松过程的风电机组可靠性评估方法研究 ［D］. 北京：华北电力大学（北京），2017.

［3］ 董文婷. 基于大数据分析的风电机组健康状态的智能评估及诊断 ［D］. 上海：东华大学，2016.

［4］ 江顺辉，方瑞明，尚荣艳，等. 采用动态劣化度的风电机组运行状态实时评估 ［J］. 华侨大学学报（自然科学版），2018，39（1）：86－91.

［5］ 梁颖，方瑞明. 基于 SCADA 和支持向量回归的风电机组状态在线评估方法 ［J］. 电力系统自动化，2013，37（14）：7－12，31.

［6］ 王红君，赵元路，赵辉，等. 基于灰云模型聚类和云重心理论的风电齿轮箱运行状态评估 ［J］. 机械传动，2019，43（12）：116－122.

［7］ 黄必清，何焱，王婷艳. 基于模糊综合评价的海上直驱风电机组运行状态评估 ［J］. 清华大学学报（自然科学版），2015，55（5）：543－549.

［8］ Yang W，Court R，Jiang J. Wind turbine condition monitoring by the approach of SCADA data analysis ［J］. Renewable Energy，2013，53：365－376.

［9］ Qiu Y，Feng Y，Tavner P，et al. Wind turbine SCADA alarm analysis for improving reliability ［J］. Wind Energy，2012，15（8）：951－966.

［10］ Sun P，Li J，Wang C，et al. A generalized model for wind turbine anomaly identification based on SCADA data ［J］. Applied Energy，2016，168：550－567.

［11］ Lapira E，Brisset D，Ardakani H D，et al. Wind turbine performance assessment using multiregime modeling approach ［J］. Renewable Energy，2012，45：86－95.

［12］ Dai J，Yang W，Cao J，et al. Ageing assessment of a wind turbine over time by interpreting wind farm SCADA data ［J］. Renewable Energy，2017：S0960148117302896.

［13］ 万书亭，万杰，张成杰. 基于灰色理论和变权模糊综合评判的风电机组性能评估 ［J］. 太阳能学报，2015，36（09）：2285－2291.

［14］ 张鑫淼. 基于 SCADA 数据的风电机组性能分析及健康状态评估 ［D］. 北京：华北电力大学（北京），2017.

［15］ 杜勉，易俊，郭剑波，程林，马士聪，贺庆. 神经网络技术在风电机组 SCADA 数据分析中的应用研究 ［J］. 电网技术，2018，42（7）：2200－2205.

［16］ 张军亮. 广义 S 形曲线非线性回归模型及其在文献计量学中的应用 ［D］. 西安：陕西师

范大学，2003.

[17] 肖俊生，任祎龙，李文涛. 基于粒子群算法优化 BP 神经网络漏钢预报的研究 [J]. 计算机测量与控制，2015，23（4）：1302 - 1304.

[18] Morris V J. Emerging roles of engineered nanomaterials in the food industry [J]. Trends in Biotechnology，2011，29（10）：509 - 516.

[19] 郑再象，徐诚. 陈效华，等. 基于控制图异常模式自动识别的故障诊断 [J]. 机械设计，2005（11）：39 - 42.

[20] 邢作霞，陈雷，徐建. 大型变速变距风电机组转矩控制策略研究 [J]. 太阳能学报，2012，5：738 - 744.

[21] 姚兴佳，王士荣. 风力发电技术讲座（六）风电场及风力发电机并网运行 [J]. 可再生能源，2006.98 - 101.

[22] 王瑞新，王毅，孙品. 全功率驱动的异步风电机组的控制策略研究 [J]. 电力科学与工程. 2012.1 - 7.

[23] 张海涛，高锦宏，吴国新，等. 蚁群优化算法在风电偏航故障检测中的应用 [J]. 可再生能源，2013，31（11）：48 - 50.

[24] Wan S，Cheng L，Sheng X. Effects of yaw error on wind turbine running characteristics based on the equivalent wind speed model [J]. Energies，2015，8（7）：6286 - 6301.

[25] Kragh K A，Hansen M H. Potential of power gain with improved yaw alignment [J]. Wind Energy，2015，18（6）：979 - 989.

[26] Jeong M S，Kim S W，Lee I，et al. The impact of yaw error on aeroelastic characteristics of a horizontal axis wind turbine blade [J]. Renewable Energy，2013，60（5）：3261.

[27] 马东. 激光雷达测风仪在风电机组偏航误差测试中的应用研究 [J]. 应用能源技术，2015，11：5 - 7.

[28] 赵丽军，李连富，邢作霞，等. 基于大数据的风电机组偏航系统中风向标故障诊断的方法：中国，ZL 2016 1 0053599.4 [P]. 2018 - 11 - 23.

[29] 成立峰. 风力发电机组偏航系统误差与控制策略研究 [D]. 保定：华北电力大学，2017.

[30] 栾文鹏，余贻鑫，王兵. AMI 数据分析方法 [J]. 中国电机工程学报，2015，35（1）：29 - 36.

[31] Meik Schlechtingen，Ilmar Ferreira Santos，et al. Wind turbine condition monitoring based on SCADA data using normal behavior models. Part 1：System description [J]. Applied Soft Computing，2013，13（1）：259 - 270.

[32] 邱天，白晓静，郑茜予，等. 元指数加权移动平均主元分析的微小故障检测 [J]. 控制理论与应用，2014（1）：19 - 26.

[33] 吴俊杰. 一个新的关于两个非稳态时间序列互相关性分析的算法 [D]. 上海：华东理工大学，2014.

［34］ Montgomery D，Mastrangelo C. Some statistical process control methods for autocorrelated data ［J］. Journal of Quality Technology，1991，23（3）：179－193.

［35］ Lucas J M，Saccucci M S. Exponentially weighter moving average control schemes：properties and enhancements ［J］. Technometrics，1990，32（1）：1－12.

［36］ 赵丽军，陈雷，等. 基于数据的风电机组转矩增益性能优化评估方法 ［C］. 中国电机工程学会新能源并网与运行专业委员会 2019 年学术年会，上海，2019.

［37］ Zhao L J，Xing Z X，et al. Fault Diagnosis of Pitch System Based On Data Statistics ［C］. The 38th Chinese Control Conference，Guangzhou，2019.

［38］ 李贺. 基于核主元分析的风电机组变桨距系统故障诊断研究 ［D］. 沈阳：沈阳工业大学，2017.

［39］ 潘峰. 特征提取与特征选择技术研究 ［D］. 南京：南京航空航天大学，2017.

［40］ Schölkopf B，Smola A，et al. Kernel principal component analysis ［C］. Artificial Neural Networks－ICANN'97，1997. Springer Berlin/Heidelberg，1997：583－588.

［41］ Liu W Y，Zhang W H，Han J G，et al. A new wind turbine fault diagnosis method based on the local mean decomposition ［J］. Renewable Energy，2012，48（6）：411－415.

［42］ Valle S，Weihua Li A，Qin S J. Selection of the number of principal components：the variance of the reconstruction error criterion with a comparison to other methods ［J］. Industrial & Engineering Chemistry Research，1999，38（11）：653－658.

［43］ 李智. 基于主元分析的故障诊断方法研究及应用 ［D］. 沈阳：东北大学，2012.

［44］ 张新荣. 基于 PCA 的连续过程性能监控与故障诊断研究 ［D］. 无锡：江南大学，2008.

［45］ Mercer J. Functions of positive and negative type，and their connection with the theory of integral equations ［J］. Philosophical Transactions of the Royal Society of London，1909，209：415－446.

［46］ Cortes C，Vapnik V. Support－vector networks ［J］. Machine Learning，1995，20（3）：273－297.

［47］ Keerthi S S，Lin C J. Asymptotic behaviors of support vector machines with Gaussian kernel ［J］. Neural Computation，2003，15（7）：1667.

［48］ Lin H T，Lin C J. A Study on sigmoid kernels for SVM and the training of non－PSD kernels by SMO－type methods ［J］. Submitted to Neural Computation，2003，27（1）：15－23.

［49］ 王海清. 工业过程监测：基于小波和统计学的方法 ［D］. 杭州：浙江大学，2001.

［50］ 蒋浩天. 工业系统的故障检测与诊断 ［M］. 北京：机械工业出版社，2003.

［51］ 绳晓玲. 风轮不平衡故障下双馈风力发电机运行特性分析及控制研究 ［D］. 北京：华北电力大学（北京），2017.

［52］ Dunkers J P. Applications of optical coherence tomography to the study of polymer matrix composites：Handbook of optical coherence tomography ［M］. Marcel；Dekkar Inc.，2002.

［53］ Skrimpas G A，Kleani K，Mijatovic N，et al. Detection of icing on wind turbine blades by means of vibration and power curve analysis [J]. Wind Energy，2016，19（10）：1819 - 1832.

[54] Oye S，Thomsen K，Rasmussen F，et al. Loads and dynamics for stall regulated wind turbines - Report Riso - R - 655（EN）[R]. Riso National Laboratory，Denmark. 1993.

[55] J Kusnick，DE Adams，DT Griffith. Wind turbine rotor imbalance detection using nacelle and blade measurements [J]. Wind Energy，2015，18（2）：267 - 276.

[56] Tsai C S. Enhancement of damage - detection of wind turbine blades via CWT - based Appr - oaches [J]. IEEE Trans. Energy Conversion，2006，21（3）：776 - 781.

[57] Xiang G，Wei Q. Imbalance fault detection of direct - drive wind turbines using generator current signals [J]. IEEE Transactions on Energy Conversion，2012，27（2）：468 - 476.

[58] A Abouhnik，A Albarbar. Wind turbine blades condition assessment based on vibration measurements and the level of an empirically decomposed feature [J]. Energy Conversion & Management，2012，64（4）：606 - 613.

[59] 绳晓玲，万书亭，李永刚，等. 基于坐标变换的双馈风力发电机组叶片质量不平衡故障诊断 [J]. 电工技术学报，2016，31（7）：188 - 197.

[60] 冯永新，杨涛，任永，等. 风力机气动力不对称故障建模与仿真 [J]. 振动、测试与诊断，2014，34（5）：890 - 897.

[61] H Malik，S Mishra. Application of GEP to investigate the imbalance faults in direct - drive wind turbine using generator current signals [J]. IET Renewable Power Generation，2018，12（3）：279 - 291.

[62] Kusiak A，Verma A. A data - driven approach for monitoring blade pitch faults in wind turbines [J]. IEEE Transactions on Sustainable Energy，2010，2（1）：87 - 96.

[63] 李辉，杨东，杨超，等. 基于定子电流特征分析的双馈风电机组叶轮不平衡故障诊断 [J]. 电力系统自动化，2015，39（13）：32 - 37.

[64] Joshuva A，Sugumaran V. A data driven approach for condition monitoring of wind turbine blade using vibration signals through best - first tree algorithm and functional trees algorithm：A comparative study [J]. ISA Transactions，2017，67（Complete）：160 - 172.

[65] Ronny R，Jenny N. Imbalance estimation without test masses for wind turbines [J]. Journal of Solar Energy Engineering，2009，131（1）：0110101 - 0110107.

[66] Jenny N，Ronny R，Thien T N. Mass and aerodynamic imbalance estimates of wind turbines [J]. Energies，2010（3）：696 - 710.

[67] 黄秋娟. 基于数据驱动的风电机组功率曲线异常识别方法研究 [D]. 沈阳：沈阳工业大学，2019.

[68] Yuan L，Qiujuan H，Yi Y，et al. Abnormal State Analysis of Wind Turbines Based on the Power Curve [C]. International Conference on Power System Technology，2018.

[69] 赵凯. 风轮不平衡特性分析与故障诊断方法研究 [D]. 沈阳：沈阳工业大学，2019.